高效种植关键技术图说系列

图说大樱桃温室高效栽培关键技术

主　编

韩凤珠　赵　岩　王家民

编著者

韩凤珠　赵　岩　王家民　王　毅
董晓燕　丁　强　孙凌俊　于　辉
邢英丽

绘　图

韩剑峰　韩　松

U0249436

金盾出版社

内 容 提 要

本书由辽宁省农业科学院果树研究所研究员韩凤珠、赵岩和王家民等编著。书中以图说的方式，形象直观地着重介绍大樱桃的品种选择、塑料日光温室和塑料大棚的设计与建造、苗木繁育与栽植、土肥水管理、整形修剪和病虫害防治等关键技术，并针对温室生产中出现的问题，阐述了产生的原因和解决的办法。全书图文并茂，指导性和可操作性强，可供广大果农和果树科技工作者参考。

图书在版编目(CIP)数据

图说大樱桃温室高效栽培关键技术/韩凤珠，赵岩，王家民主编；王毅等编著 . —北京：金盾出版社，2006.3(2019.8重印)
(高效种植关键技术图说系列)
ISBN 978-7-5082-3954-5

Ⅰ.①图…　Ⅱ.①韩…②赵…③王…④王…　Ⅲ.①樱桃—温室栽培—图解　Ⅳ.①S628.5-64

中国版本图书馆 CIP 数据核字(2006)第 009946 号

金盾出版社出版、总发行
北京市太平路 5 号(地铁万寿路站往南)
邮政编码：100036　电话：68214039　83219215
传真：68276683　网址：www.jdcbs.cn
三河市双峰印刷装订有限公司印刷、装订
各地新华书店经销
开本：787×1092 1/32　印张：5.5　彩页：16　字数：119 千字
2019 年 8 月第 1 版第 8 次印刷
印数：46 001～49 000 册　定价：15.00 元
(凡购买金盾出版社的图书，如有缺页、
倒页、脱页者，本社发行部负责调换)

前　言

　　大樱桃,又称甜樱桃或洋樱桃,原产于欧洲,于 19 世纪末、20 世纪初传入我国,是我国北方落叶果树中果实成熟最早的树种。其果实营养丰富,色、形、味俱佳,素有"春果第一枝"、"果中珍品"的美称。

　　多年来,大樱桃露地栽培的效益一直很好。但是,由于大樱桃树体抗寒能力差,适于露地栽培的区域很小,加之果实耐贮运性差,市场供应期又集中在 5 月下旬至 7 月上旬,因此,一年中市场上有近 10 个月的时间,没有新鲜的大樱桃果品供应,难以满足人们对大樱桃鲜果的需求。

　　为了改变这种状况,利用温室栽培大樱桃便在生产中出现,并逐步得到推广应用,大樱桃的栽培区域,扩展至我国北部、西北部及东北部寒冷地区,使大樱桃鲜果的供应期提早了 1～4 个月。这不仅延长了鲜果的供应期,也使果实的商品价值提高了 5～10 倍。

　　近十多年来,大樱桃温室栽培已成为农村新兴的高效产业,发展也较快。为了满足广大栽培者的需要,我们依据多年的试验研究和生产实践,并参考了国内外大量技术资料,以图说的方式,编写了本书,供广大栽培者参考。

　　本书参考了果树方面的大量资料,在此谨向有关作者一并致谢。由于编著者水平有限,书中错漏之处难免,敬请同行和读者批评指正。

编 著 者
2005 年 8 月

目　　录

第一章 概 述

大樱桃的生长发育,对气候条件有着特殊的要求。它要求冬季无严寒,夏季凉爽,年平均气温在12℃左右,才能良好生长。所以,低温是限制大樱桃向北发展的主要障碍。长期以来,我国只有辽东半岛和胶东半岛地区,是大樱桃露地栽培的主要区域,但在这些栽培区域的生产中,还时常存在着倒春寒,使花蕾及幼果受冻;果实成熟期遇雨,还会引起大量裂果而降低产量和果实品质。

利用温室和大棚栽培大樱桃,目的是为其提供适宜的生长发育环境,使露地适栽区提高防御自然灾害的能力,提高果品产量和质量,使露地不能栽培的地区,如辽宁和河北省北部,内蒙古、新疆、吉林和黑龙江等地,都能够发展大樱桃生产。这样,既扩大了栽培区域,也延长了鲜果市场的供应期,最终使农民获得比露地栽培高出几倍甚至十几倍的经济效益(图1-1,图1-2)。

图1-1 温室大樱桃丰产状　　图1-2 大棚大樱桃丰产状

以塑料日光温室生产为例,建造塑料日光温室的费用,每667平方米需要5万元左右。按使用年限折算,每667平方米年费用为 0.3 万元,覆盖材料年均费用为 0.2 万元,农药、化肥及管理用工等年费用为 0.4 万元,总计年费用为 0.9 万元,每 667 平方米产果 300～500 千克,果实平均售价为 100 元/千克,减去 0.9 万元投资,每 667 平方米纯收入为 2 万～4 万元。

目前,利用温室和大棚栽培大樱桃,在我国发展迅速,已形成一定的生产规模。经十余年的试验示范,利用温室和大棚栽培大樱桃的生产技术,已经基本成熟,成功的典型也起到了良好的示范作用。但是,此项产业一次性投资较大,栽培技术要求精细,需要栽培者正确熟练掌握,方能收到预期效果,获得高产出、高收入的回报。

第二章 樱桃的种类与大樱桃的生物学特性

一、樱桃的种类及形态特征

櫻桃在植物分类学中属于蔷薇科樱桃属植物。其种类很多,而有经济和商品价值的种类约为 6 种。常见的有甜樱桃、酸樱桃、中国樱桃、毛樱桃、山樱桃和马哈利樱桃等。在这 6 种樱桃中,甜樱桃和酸樱桃常被称为大樱桃;中国樱桃称为小樱桃;毛樱桃、山樱桃和马哈利樱桃称为野樱桃或山樱桃。本书中的大樱桃是指甜樱桃。

1. 甜 樱 桃

甜樱桃(图 2-1),又称欧洲甜樱桃、大樱桃和洋樱桃。乔木,高 3~5 米,树皮灰褐色。叶片绿色或深绿色,椭圆形或倒卵形,长 6~15 厘米,宽 4~8 厘米,叶柄长 2~5 厘米,有 2~4 个红色或黄色蜜腺。花瓣白色,2~5 朵簇生,与叶同时开放。

图 2-1 甜樱桃枝、叶、花、果形态

果个大,平均单果重 6~12 克,最大单果重 18 克,果皮红色、紫红色或黄色,果实卵圆形、肾形或心脏形。果肉红色或黄色,肉质有软、硬两种,味甜或酸甜。其果实主要供鲜食。

2. 酸樱桃

酸樱桃,又称欧洲酸樱桃和大樱桃。小乔木,高 2～4 米,树皮栗褐或暗褐色。叶片深绿色,椭圆倒卵形至卵圆形,长6～9 厘米,宽 4～6 厘米,叶柄长 1～2 厘米,有 1～4 个蜜腺。花瓣白色,2～4 朵簇生。果个较大,平均单果重 4～5 克,果皮红色或紫红色。果实圆形或扁圆形,肉软味酸(图 2-2),主要供加工罐头和果汁等,种子用作繁殖砧木苗嫁接甜樱桃。

图 2-2 酸樱桃枝、叶、花、果形态

3. 中国樱桃

中国樱桃,又称草樱桃和矮樱桃。灌木或小乔木,高2～3 米,树皮暗灰色,枝叶茂盛。叶片绿色或深绿色,卵形或长卵形,长 10～15 厘米,宽 7～8 厘米,叶柄长 2～2.5 厘米,有 2 个蜜腺。花白色或略带粉红色,4～7 朵成总状花序,或 2～7 朵簇生,花期早。果个较小,平均单果重 2～3 克。果皮薄,红色、橙黄色或黄色,果实圆形或卵圆形,味酸甜(图 2-3)。其果可鲜食,种子和苗木多用作繁殖砧木苗嫁接甜樱桃。

4. 毛樱桃

毛樱桃,又称山豆子、梅桃和山樱桃。灌木,高 2～3 米,树皮灰褐色。叶片绿色密集,倒卵形至宽椭圆形,长 5～8 厘米,宽3~5厘米,有皱有毛,叶柄长0.2~0.4厘米。花1~2朵,先于叶开放或与叶同时开放,花瓣白,略带粉色。果个小,平均单果重1~2克,果实圆形或卵圆形,果皮红色、黄色或白色,稍带短绒毛,果柄极短,果味甜酸(图2-4)。其果实供鲜食用的很少,种子常用作繁殖砧木苗,用以嫁接李、杏、桃等。近年来也有用其作基砧,用李或桃作中间砧,嫁接甜樱桃。

图 2-3　中国樱桃枝、叶、　　　图 2-4　毛樱桃枝、叶、
　　　　　花、果形态　　　　　　　　　　花、果形态

5. 山樱桃

山樱桃,又称青肤樱、野樱花。乔木,高3~5米,树皮深栗褐色。叶片卵圆形至卵圆披针形,长8~15厘米,宽6~9厘米,深绿色,叶柄长1.5~3厘米,有2~4个蜜腺。花3~5朵簇生,花瓣白色至粉色。果个极小,平均单果重0.4~0.5克。果实卵球形,果皮黑色,果肉薄,无食用价值(图2-5)。

主要利用其种子繁殖砧木苗,供嫁接甜樱桃和樱花用。

图 2-5　山樱桃枝、叶、花、果形态

6. 马哈利樱桃

乔木,高 3～4 米。叶片圆形至宽卵形,长 3～6 厘米,叶柄长 1～2 厘米。花 6～10 朵,成总状花序,花瓣白色。果实球形,黑紫色,不能食用(图 2-6)。主要用其种子繁殖砧木苗,供嫁接甜樱桃用。

图 2-6　马哈利樱桃枝、叶、花、果形态

二、大樱桃的生物学特性

1. 生长结果习性

(1) 树体　大樱桃属落叶果树。树体高大,长势旺,枝条多直立生长,在人工整形的条件下,树高一般 3～5 米。冠径为 5～6 米。嫁接苗一般 3 年见果,5～6 年进入丰产期,8～10 年进入盛果期。盛果期一般可维持 15～20 年。

(2) 芽　大樱桃的芽,按其性质的不同,可分为叶芽和花芽两种。叶芽较瘦长,花芽肥大而圆(图 2-7)。叶芽多分布于各类枝条的顶端,发育枝的叶腋和长果枝、混合枝的中、上部。叶芽萌发后抽枝长叶,形成各级骨干枝和结果枝。花芽除

图 2-7　大樱桃的叶芽和花芽

1. 叶芽　2. 花芽

着生于中果枝、短果枝和花束状果枝外,长果枝及混合枝基部 6～7 个发育良好的腋芽,也常能形成花芽。大樱桃的花芽为纯花芽,每个花芽内平均开花 2～5 朵。

另外,大樱桃还具有潜伏芽,位于枝条基部,其寿命长(图 2-8),是骨干枝和树冠更新的基础。

(3) 枝条　大樱桃的枝条,按其性质主要分为发育枝和结果枝两大类。发育枝具有大量叶芽,无花芽(图 2-9)。发育枝生长量如果过大,枝条发育不充实,则容易遭受冻害。

结果枝,按其长度可分为混合枝、长果枝、中果枝、短果枝和花束状果枝等 5 种(图 2-10)。混合枝一般长 20 厘米以上,除枝条基部的 3～5 个侧芽为花芽外,其余均为叶芽。这类枝上的花芽,质量差,坐果率低。长果枝一般长 15～20 厘米,除

图 2-8　大樱桃的潜伏芽

1. 潜伏芽　2. 潜伏芽萌发生枝

图 2-9　发育枝

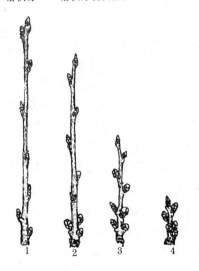

图 2-10　结果枝

1. 混合枝　2. 长果枝　3. 中果枝

4. 短果枝　5. 花束状果枝

顶芽和中上部侧芽为叶芽外,其余均为花芽。中果枝一般长5～15厘米,除顶芽和上部侧芽为叶芽外,其余全是花芽。短果枝一般长5厘米左右,除顶芽和邻近侧芽为叶芽外,其余全为花芽。花束状果枝一般长1厘米左右,除顶芽为叶芽外,其余全为花芽。花芽质量好,坐果率高,寿命达8年以上。

(4)叶 叶片的主要功能是,以根吸收的水分和无机营养为原料,通过光合作用,合成有机物。此外,还具有一定的吸收功能,可通过吸收叶面喷肥,来补充土壤底肥的不足。培养和保护好较多的大而厚的叶片,是大樱桃高产优质的基础。

(5)花 大樱桃的花朵,由雄蕊、雌蕊、花瓣、花萼和花柄组成(图2-11)。每朵花有雄蕊40～42枚,每个花药有花粉6 000～8 000粒。发育正常的花,只有1枚雌蕊。但在温室栽培条件下,常出现每朵花有2～4枚雌蕊和花瓣没开、雌蕊先伸出的现象。

大樱桃开花后数小时,花药破裂,释放出花粉。花的授粉过程,主要依靠蜜蜂、风力和人工辅助授粉完成。从开花传粉到授粉,全过程需要48小时。花经过授粉和受精后,发育成果实。在授粉中,只有亲和性好的品种,花粉才能萌发。

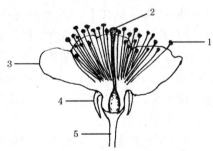

图 2-11 大樱桃的花朵
1. 雄蕊 2. 雌蕊 3. 花瓣
4. 花萼 5. 花柄

(6)果 由果梗、果皮、果肉、种壳和种仁组成(图2-12)。

(7)根 根的主要功能是,从土壤中吸收水分和无机营养,供

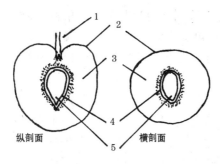

图 2-12　大樱桃的果实

1. 果梗　2. 果皮　3. 果肉

4. 种壳　5. 种仁

地上部分利用,同时也对树体起固定作用。

2. 物候期

(1) 根系生长　只要具备其所需要的条件,根系全年均可生长。露地栽培时,根系的活动早于地上花芽的萌动,而温室栽培时,根系的活动往往晚于地上花芽的萌动,特别是休眠期的地温较低或土壤结冻的情况下,表现尤为明显。

(2) 萌芽开花　当日平均温度达 10℃ 左右时,花芽开始萌动。日平均温度达 15℃ 左右时开花,花期 7～14 天。在温度低或品种多的温室条件下,大樱桃的花期,可长达 20 天以上。

(3) 新梢生长　大樱桃的叶芽萌动比花芽晚 5～7 天。叶芽萌动后,有一个短暂的初生长期,长成 6～7 片叶后,成为 6～8 厘米长的叶簇新梢。开花期间,新梢生长缓慢。谢花后进入速长期。果实硬核期,新梢生长缓慢。果实采收后,新梢还有一个速长期。

(4) 果实发育　大樱桃果实发育期较短。目前,生产中常见品种的果实发育期最短为 28 天,最长为 60 天。据于绍夫研究,果实发育期,按其生长速度可分为三个时期(图 2-13)。第一时期,是从落花至硬核前,果实处于第一次速长期,果核迅速增长至果实成熟时的大小;第二时期,是硬核和胚发育期,果实的纵、横径增长缓慢,果核木栓化;第三时期,是硬核后到果实成熟,果实迅速膨大,横径增长量大于纵径增长量。

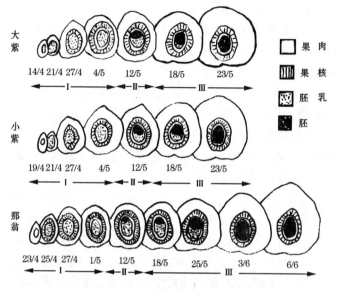

大紫

14/4 21/4 27/4　4/5　12/5　18/5　23/5

|←———— I ————→|←—— II ——→|←———— III ————→|

小紫

19/4 21/4 27/4　4/5　12/5　18/5　23/5

|←———— I ————→|←—— II ——→|←———— III ————→|

那翁

23/4 25/4 27/4　1/5　12/5　18/5　25/5　3/6　6/6

|←———— I ————→|←— II —→|←———— III ————→|

果肉
果核
胚乳
胚

图2-13　大樱桃果实发育过程

Ⅰ.第一次速长期　Ⅱ.硬核和胚发育期　Ⅲ.第二次速长期

果实发育的第二时期,若遇严重干旱或灌水过多,则易落果。第三时期,若进行大水漫灌,或空气湿度大,则易裂果。

(5)花芽分化　大樱桃花芽分化的特点是,分化时间早,时期集中和分化进程迅速。试验研究证明,大樱桃的花芽分化是从幼果期开始的,也就是在落花后20～25天开始,落花后80～90天基本完成。不同品种间稍有差异。因此,忽视采收前的肥水供应,会对花芽分化有一定的影响。

(6)落叶和休眠　大樱桃的落叶,在初霜冻前后开始。其落叶时间的早晚,不同土壤、不同品种有差异。成龄树和充分成熟的枝条,能适时落叶,而幼旺树及不完全成熟的枝条,落叶较晚。落叶后,树体便进入休眠期。

3. 对环境条件的要求

(1)温度 大樱桃属喜温不耐寒的果树,适宜在年平均气温 12℃ 以上的地区栽培,一年中日平均气温高于 10℃ 的时间,需在 150～200 天以上。

在大樱桃年生长周期中,不同时期对温度的要求不同。萌芽期,适宜温度为 10℃～15℃;开花期,适宜温度为 12℃～18℃;果实发育至成熟期,适宜温度为 20℃ 左右。大樱桃树体冻害的临界温度为 -20℃。但冬季北风大而频繁,或降温幅度大,或低温持续时间长,为 -15℃～-18℃ 时,大枝和树干就会有严重冻害发生;当气温达到 -25℃ 以下时,大樱桃的地上部分会全部被冻死。

(2)水分 大樱桃具不抗旱、不耐涝的特性,适于在年降水量为 600～700 毫米的地区生长。土壤水分过多,氧气不足,根系不能进行正常的呼吸作用时,就会发生涝害。轻则树干流胶,落花落果,严重时会造成树体死亡。

(3)光照 在光照条件好的环境中,大樱桃生长健壮,结果枝寿命长,树冠内膛光秃进程慢,花芽发育充实,坐果率高,果实成熟早,着色鲜艳,品质好。否则,情况则相反。

图 2-14 盐碱地大樱桃树势衰弱

(4)土壤 大樱桃适宜在土层深厚、土质疏松、透气性好和保水保肥能力强的砂壤土、壤土和轻黏壤土上栽培。

大樱桃对盐碱反应敏感,土壤 pH 值在 7.6 以上时,生长发育不良,表现叶片黄化,树势衰弱(图 2-14)。

第三章　建　园

一、园地选择

选择土层比较深厚、透气性好、有机质含量高及保水保肥能力强、pH值为6.0~7.5的砂壤土和壤土地块，而且背风向阳、东西南三面无高大遮光物和排灌方便的地段建园。樱桃重茬地或桃、李、杏、蔬菜等前茬地，应先换土改良后再栽植，有条件的可采用基质栽培。

二、品种及砧木选择

进行温室栽培，必须选择早熟、丰产、果个大、果色红或艳丽、果柄短粗、含糖量高、抗裂果和需冷量低等综合性状好的甜樱桃品种，作为主栽品种。选择花粉多、与主栽品种授粉亲和力好、需冷量相近的甜樱桃品种，作为授粉品种。选择抗寒、矮化、抗根癌病、与甜樱桃嫁接亲和性好的樱桃砧木为基砧。

1. 主要品种

（1）**红灯**　大连市农科所培育，果实肾形，平均单果重9.6克，果皮浓红色至紫红色，有光泽。果肉红色，肥厚多汁。果柄短，风味酸甜，可溶性固形物含量为17%。耐贮运，抗裂果。果实发育期为45天（图3-1）。

图3-1　红灯

枝条粗壮，多直立生长，幼树进入结果期晚，进入丰产期后连续结果能力强，丰产。红灯是温室栽培的首选主栽品种。

（2）**拉宾斯** 加拿大品种。果实近圆形或卵圆形，平均单果重8克，果皮紫红色，厚而韧，有光泽，果肉红色，肥

厚多汁，果柄短，风味酸甜，可溶性固形物含量为16%。耐贮运，抗裂果。果实发育期为50天（图3-2）。

图3-2 拉宾斯

枝条粗壮，多直立生长，连续结果能力强，极丰产。能自花结实，花粉多，可作主栽或授粉品种。

（3）**美早**（7144-6） 美国品种。果实宽心脏形，果顶稍平。平均单果重9.4克，果皮全面紫红色，有光泽，色泽艳丽。肉质脆，肥厚多汁，果柄短，风味酸甜，可溶性固形物含量为17%，果实发育期为55天左右。耐贮运，抗裂果（图3-3）。

枝条粗壮，多直立生长，连续结果能力强，丰产，可作主栽品种。

图3-3 美早(7144-6)

（4）**意大利早红**　法国品种。果实肾形，平均单果重6～7克，可溶性固形物含量为17%，果皮浓红色，完熟时为紫红色，有光泽。果肉红色，肥厚多汁，风味酸甜。较耐贮运。果实发育期为40天（图3-4）。

图3-4　意大利早红

连续结果能力强，早熟丰产，可作主栽或授粉品种。

（5）**5-106**　大连市农科所培育的品种。果实宽心脏形，平均单果重8克。果皮紫红色，有光泽。果肉紫红色，肥厚多汁，风味酸甜，可溶性固形物含量为17%。果实发育期38天左右。较耐贮运（图3-5）。可作主栽或授粉品种。

图3-5　5-106

（6）**早红宝石**　乌克兰品种。果实宽心脏形，平均单果重6克，可溶性固形物含量为15%，果柄长，果皮紫红色，有

玫瑰红色果点。肉质细嫩多汁，果汁红色，风味酸甜。不耐贮运，抗裂果性差。果实发育期为27～30天（图3-6）。

图3-6　早红宝石

该品种虽果个小，但易成花，丰产性好，极早熟，可作主栽或授粉品种。

(7) 8-129　大连市农科所培育的品种。果实宽心脏形，平均单果重9克。果皮紫红色，有光泽。果肉紫红色，质较软，肥厚多汁，风味酸甜，可溶性固形物含量为18%。果实发育期为42天。较耐贮运。可作主栽或授粉品种（图3-7）。

图3-7　8-129

(8) **先锋**　加拿大品种。果实肾形，平均单果重8克，果皮浓红色。果肉玫瑰红色，肥厚多汁，可溶性固形物含量为17%，风味甜酸。耐贮运。果实发育期为55天（图3-8）。丰产性好，可作主栽或授粉品种。

图3-8 先 锋

（9）**佳红** 大连市农科所培育的品种。果实宽心脏形，平均单果重9克，果皮浅黄，阳面有鲜红色霞和较明晰斑点，果肉浅黄白色，质较脆，肥厚多汁，风味酸甜，可溶性固形物含量为19%。较耐贮运，抗裂果性差。果实发育期为50天左右（图3-9）。丰产性好，可作授粉品种。

图3-9 佳 红

（10）**红艳** 大连市农科所培育的品种。果实宽心脏形，平均单果重8克，果皮底色浅黄，阳面有鲜红色霞。果肉浅黄，肉质软，肥厚多汁，风味酸甜，可溶性固形物含量为18%。较耐贮运，抗裂果性较差。果实发育期为50天左右（图3-10）。丰产性好，可作授粉品种。

图3-10 红 艳

（11）**巨红** 大连市农科所培育的品种。果实宽心脏形，平均单果重10克，果皮底色浅黄，阳面鲜红色晕，果肉浅黄白色，肉质较脆，肥厚多汁，风味酸甜，可溶性固形物含量为19%。耐贮运，不抗裂果。果实发育期为60天左右（图3-11）。丰产性好，可作授粉品种。

图3-11 巨 红

（12）**雷尼** 美国品种。果实宽心脏形，平均单果重10克，果皮底色浅黄，阳面呈鲜红色霞。果肉黄白色，肉质脆，风味酸甜。可溶性固形物含量为18%。耐贮运，较抗裂果。果实发育期为60天（图3-12）。丰产性好，可作主栽或授粉品种。

图 3-12 雷尼

（13）**大紫**　前苏联品种。果实宽心脏形，平均单果重7克，果皮紫红色，果肉粉红，肉质松，多汁，可溶性固形物含量为15%。较耐贮运。果实发育期为45天左右（图3-13）。较丰产，适宜作主栽或授粉品种。

图 3-13　大紫

2．主要砧木

砧木是苗木的基础，对大樱桃的长势、寿命、产量及品质有直接的影响。因此，在自繁苗木或引种时，要选择适于当地自然条件，与嫁接品种亲和力好的砧木。目前，生产上常用的砧木品种，有山樱桃、草樱桃和吉塞拉（图3-14）。

图 3-14　大樱桃嫁接育苗的主要砧木品种

山樱桃　　　草樱桃　　　吉塞拉

（1）**山樱桃**　分布在辽宁的凤城和本溪等地。其优点是抗寒力强，用种子繁殖砧木苗容易，生长快，当年播种当年可嫁接，嫁接亲和力强。缺点是嫁接口高时，小脚现象严重（图 3-15），遇强风易倒伏，土壤较黏重时，有根癌病发生。

（2）**草樱桃**　又称中国樱桃。分布于山东省烟台等地区。其优点是可用种子或扦插等多种方法繁殖，来源广泛。嫁接亲和力强。缺点是根系分布较浅，遇强风易倒伏。草樱桃不抗寒，在辽宁和河北两省的南部地区抽条和冻害严重，在这两省的北部地区则冬季易冻死。在黏重土壤中，有根癌病发生。

图 3-15　小脚现象

（3）**吉塞拉**　从德国引入的矮化砧木，嫁接亲和力强，根系发达，适于多种土壤栽植，耐涝性和抗寒性中等，但在很贫瘠的砂土地段及不良栽培条件下，枝条生长量小，果变小，易出现早衰。

（4）**ZY-1**　系中国农业科学院郑州果树研究所从意大利引进的半矮化砧木。其根系发达，根茎部位分蘖少。嫁接亲和力强，进入结果期早。

三、育苗技术

培育大樱桃苗木,应先培育嫁接苗(图 3-16)。用于嫁接的枝和芽称为接穗和接芽(图 3-17),承受接穗或接芽的部分称为砧木(图 3-18)。从砧木播种(扦插)到嫁接出圃,需两年完成。

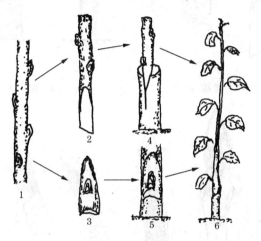

图 3-16　嫁接示意图

1. 枝条　2. 接穗　3. 接芽
4. 砧穗结合　5. 砧芽结合　6. 嫁接苗

嫁接苗木常用的工具有剪枝剪、芽接刀(图 3-19)和塑料薄膜。常用的塑料薄膜,有聚乙烯和聚氯乙烯薄膜,厚度为0.008～0.02 毫米。嫁接作业前,将其裁剪成长 25～30 厘米,宽 1.5～2 厘米的长条备用。

1. 砧木苗的繁育

繁育方法主要有种子直播、枝条扦插、压条分株和组织培养等。生产中,山樱桃多采用种子直播繁殖。草樱桃多采用压条分株、枝条扦插等方法繁殖。

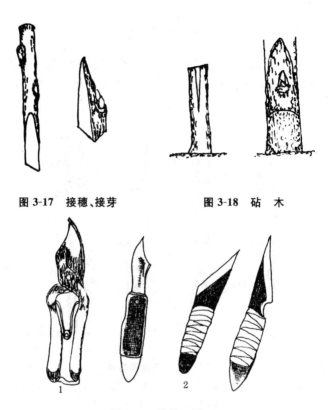

图 3-17　接穗、接芽　　　　图 3-18　砧　木

图 3-19　嫁接工具

1. 剪枝剪　2. 芽接刀

(1)播种繁育

①种子的采集与沙藏　采集种子时,应选择生长健壮、无病虫为害的树,于果实充分成熟后采集。采果取种晾干后,应立即沙藏层积。沙藏时,沙的湿度以手握成团、松手即散为宜。沙藏坑应选择背阴冷凉干燥处,挖50～60厘米深的长条坑,坑底先铺10～20厘米厚的湿沙。然后将种子与干净过筛

的细沙,按1∶5的比例混拌均匀后,装入尼龙纱网袋,平放坑内,并设一通气管,上盖细湿沙高出地面(图 3-20),或坑上搭防雨棚,以防止淋雨引起烂种。种子贮藏期间,要防止过干、过湿及鼠害等。种子层积 120 天左右开壳,开壳后即可播种。

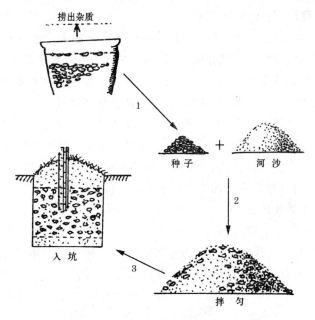

捞出杂质

1

种子 + 河沙

2

入坑

3

拌匀

图 3-20 种子沙藏层积处理

②**播种及播后管理** 春、秋两季均可播种。春季播种时间为土壤解冻后,秋季播种应在土壤结冻之前进行。温室播种可在种子开壳后进行。田间播种,多采用垄播,垄播便于嫁接和管理。播前要细致整地,施入有机肥后平地,开沟条播。垄宽 50～60 厘米,播后压平底格,覆盖潮湿细沙 5～6 厘米厚。若土壤墒情不好,开沟后应先打底水再播种,不压底格,直接盖细沙。盖沙后,上覆地膜保墒,待种芽顶土时,在膜上

· 23 ·

扎孔通风。出苗后,顺行将地膜划开,2～3 天后揭除地膜。山樱桃种芽顶土能力弱,种子上覆土厚,或种子萌芽超过 0.5 厘米后再播种,都不能保全苗。每 667 平方米用种量,山樱桃为 8～10 千克,草樱桃为 10.12.5 千克。温室播种多采用营养钵育苗,每钵播 2～3 粒。

砧木苗出土后,要防治立枯病和黑绒金龟子。嫩茎木质化后,要追施 1～2 次速效肥,每 667 平方米追施尿素 5 千克,磷酸二铵 5 千克。追肥后灌水。7 月上中旬以后,叶面喷施 3～5 次 0.3%～0.5%磷酸二氢钾,促使幼苗粗壮。8 月下旬至 9 月上旬,若苗木根茎粗度达 0.4 厘米以上时,可进行嫁接。冬季最低温在 -18℃ 以上的寒冷地区,可于第二年春季嫁接。草樱桃播种苗,冬季需对根茎嫁接部位埋土防寒。

(2)扦插繁育 此法多用于繁育草樱桃砧木苗。

①绿枝扦插 6～7 月份,选择半木质化、粗度在 0.3 厘米以上的当年生枝,剪成长 15 厘米的枝段作插穗,保留上部 1～2 片叶,并剪去其 1/2～2/3 的先端部分,随采随插。采用消毒的河沙、蛭石和珍珠岩等作基质,厚度为 20 厘米左右。将插条基部剪成斜面,蘸生根粉,成 60°角斜插入基质中 2/3(图 3-21)。

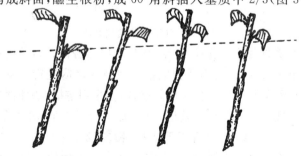

图 3-21 绿枝扦插

成活后,加强病虫防治和肥水管理。冬季需防寒保护,待翌年春天嫁接。

②**硬枝扦插**　于春季采取1年生发育枝,粗度为0.5～1厘米,长15厘米左右,将上端剪平,基部剪成马耳形,随采随插(图3-22)。若在冬前采条,可不剪成插穗,用潮湿河沙贮藏于地窖或贮藏沟内(图3-23)。扦插时,再剪成插穗。

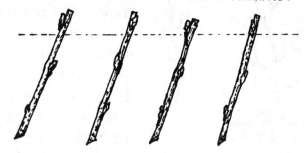

图3-22　硬枝扦插

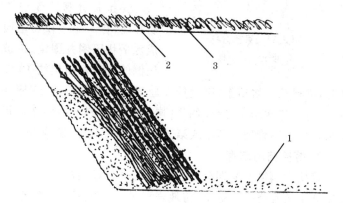

图3-23　接穗冬贮

1. 河沙　2. 木板　3. 草帘

(3)分株繁育　此法多用于繁育草樱桃和酸樱桃砧木苗。

①直接分株　利用大树或大苗根茎处的分蘖苗,于早春培土,促其根蘖苗在地表以上生根,秋季落叶后或第二年早春扒开土堆,截取带根的苗(图 3-24)。一般每株母树可繁殖5～10 株苗。

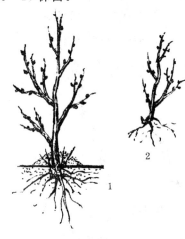

②平茬分株　早春,将幼苗从地表 2 厘米处平茬,待萌蘖长出 20 厘米时进行第一次培土。培土时,将过密的萌蘖分开,待苗高约40 厘米时进行第二次培土。每次培土后,需进行灌水和松土等管理。秋末或第二年春,扒开土堆分株(图 3-25)。

③压条分株　于春季萌芽前,将 1 年生枝与地面成水平状压倒并固定,待被压倒的枝萌发新梢约 10 厘

图 3-24　直接分株

1. 培土　2. 分株

米时,进行第一次培土,厚度约 5 厘米。待新梢长约 25 厘米时,进行第二次培土,厚度约 10 厘米。每次培土后仍需进行灌水和松土等管理。秋末或第二年春,扒土分株(图 3-26)。

2. 嫁接苗的培育

嫁接大樱桃的时期分春、夏、秋三季。嫁接前 7～10 天,要将砧木苗圃浇一次透水,待地表稍干时开始嫁接。嫁接前,还应选取接穗。夏、秋季嫁接时,可在接前 1～2 日选取当年生木质化程度高的发育枝,取后立即去掉叶片,保留短叶柄(图 3-27)。春季嫁接的,需在先年秋季落叶后选取 1 年生发

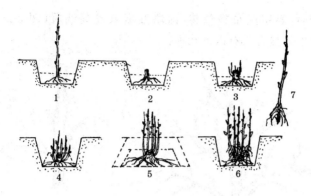

图 3-25　平茬分株

1. 定植　2. 剪砧　3. 萌蘖　4. 第一次培土

5. 第二次培土　6. 去培土　7. 分株

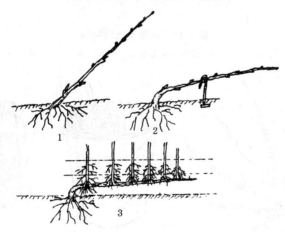

图 3-26　压条分株

1. 斜栽　2. 水平压条　3. 培土

育枝(图 3-28)冬贮。无冻害的地区,可在春季萌芽前选取。在田间嫁接时,接穗应放在装有 3～5 厘米深水的桶中。远途携带时,要用湿布袋包装,内填湿锯末或湿纸屑(图 3-29)。

常用的嫁接方法有以下几种:

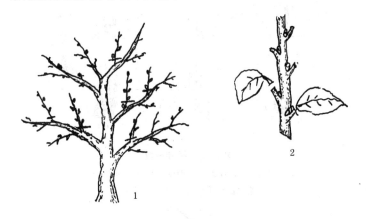

图 3-27　夏秋季选取接穗

1. 选当年生发育枝　2. 去叶片

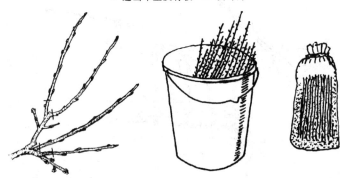

图 3-28　落叶后选取接穗　　**图 3-29　接穗存放与包装**

(1)木质芽接法　这是繁育大樱桃苗最佳的一种嫁接法,春、秋两季都可进行,成活率高。其方法是先在接芽的下方约0.5 厘米处斜横切一刀,深达木质部,再在芽上方 1.5 厘米处向下斜切,深达木质部2~3毫米,削过横口,取下带木质的芽片。然后在砧木基部选光滑处横斜切一刀,再自上而下地斜削一刀达横切口,深度约2~3毫米,长度及宽度与芽片相等或略大。将削好的芽片嵌入砧木的切口内,使形成层密切吻合。若砧木粗度大于芽片,则要保证一侧的形成层对齐(图3-30),然后用塑料条自上而下地绑紧即可(图3-31)。

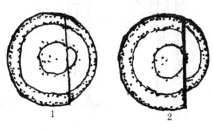

图 3-30　对齐形成层

1. 两侧对齐　2. 一侧对齐

(2)"T"字形芽接法

嫁接时期为6月上旬至7月上旬。过早,接穗皮层薄,芽嫩不易成活;过晚,接芽护皮不易剥离,而且到秋季时苗木成熟度不好,影响苗木质量。

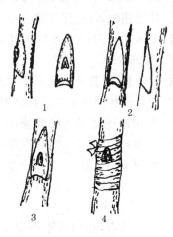

图 3-31　木质芽接

1. 取接芽　2. 削砧木
3. 砧穗结合　4. 绑扎

先将砧木苗距地面2~5厘米处的泥土抹干净,在其光滑处横切一刀,深达木质部,刀口宽度为砧木干周的近一半。并在切口中间处向下竖划一刀。然后削接芽,先在接芽的上方0.6~0.7厘米处横切一刀,刀口长度为接穗直径的一半。再由芽下1.5厘米处向上斜削,由浅入深达横刀口上部。然后,用左手拇指和

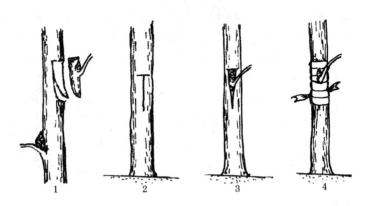

图 3-32 "T"字形芽接

1. 削取接芽　2. 切砧　3. 砧芽结合　4. 绑扎

食指在芽基部轻轻捏取芽片，挑开砧木"T"字形接口，把芽片迅速插入，使芽片横刀口与砧木的横刀口对齐后绑扎好（图 3-32）。

（3）舌接法　适用于和接穗粗度相同的砧木。嫁接时，先在接穗基部芽的同侧削一斜面，长 3 厘米。然后在削面距顶端 1/3 处，垂直切一竖切口；再将砧木主干距地面 10～15 厘米处削一斜面，长 3 厘米。接着，在削面距顶端 1/3 处，垂直切一竖切口同接穗，

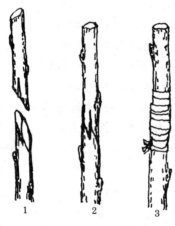

图 3-33 舌 接

1. 削接穗和砧木

2. 砧穗结合　3. 绑扎

将接穗与砧木插在一起，然后将二者绑扎好（图 3-33）。

(4)改良舌接法 适用于砧木和接穗粗度不相同时的嫁接,时期为春季萌芽初期之前。先将砧木距地面 5～10 厘米处剪断,在横切面一侧 1/3 处纵切一刀,长约 3 厘米。然后,自纵切口下端另一侧向上斜削至纵切口处,形成大斜面。接穗削法与砧木相同,也是先在横断面 1/3 处纵切一刀,长 3 厘米,再把厚的一面削成长斜面。然后,将接穗斜面与砧木的斜面插接在一起,两面形成层对齐后绑扎好(图 3-34)。

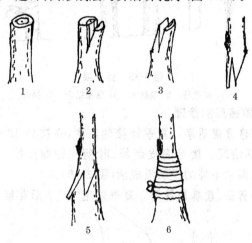

图 3-34 改良舌接

1. 剪砧木 2. 剪开砧木 3. 削斜面
4. 削接穗 5. 砧穗结合 6. 绑扎

(5)劈接 常用于春季在较粗砧木上的补接方法。在砧木需要嫁接的部位,选择光滑处将砧木剪断,断面要光平,然后在砧木中间竖劈开口。再将接穗剪成具有 3～4 个芽的小段,然后将接穗下部芽的两侧,各削一个长 3～4 厘米的长削面,一边薄一边厚,将厚面向外,薄面向里,插入砧木劈口,使接穗的削面上缘露白 0.3 厘米左右。插好后,用塑料条绑扎好(图 3-35)。为确保成活,可将上剪口用蜡封好,或用塑料条扎严,也可埋土堆保湿。

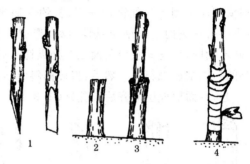

图 3-35 劈 接

1. 削接穗   2. 削砧木   3. 砧穗结合   4. 绑扎

3. 嫁接后的管理

(1)检查成活率 夏季嫁接的苗木,在接后 10～15 天应检查成活情况。接芽表皮新鲜、叶柄一触即掉的,表明已成活,叶柄褐枯不掉的说明没成活(图 3-36)。

(2)剪砧、松绑和除萌 夏季采用"T"字形芽接和木质芽

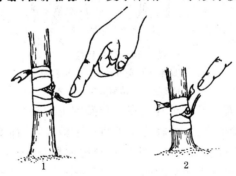

图 3-36 检查成活情况

1. 成活   2. 未成活

接的,接后在接芽上留 10 片叶后剪断砧木,或在接芽上方 5 厘米处折砧,待接芽长出 7～10 片叶时松绑并剪断砧木(图 3-37)。秋季嫁接的,接后不剪砧,待第二年春季萌芽时,在接芽上方 1～1.5 厘米处剪断砧木,并松绑。春季木质芽接的,在接芽上留 20 厘米左右剪砧,待接芽长出 7～10 片叶时,在接芽上留 1.5～2 厘米剪砧,并松绑(图 3-38)。

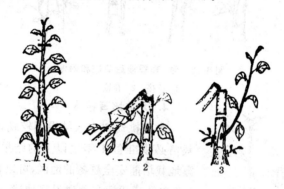

图 3-37 夏季接后剪砧和除萌

1. 接后剪砧 2. 折砧 3. 萌芽后剪砧

嫁接的苗木,在接后要随时摘除接芽附近的萌蘖,这项工作要多次进行。

(3)绑扶和摘心 接芽萌发后,遇风极易从嫁接口部位折断或弯曲。因此,必须注意给嫁接苗绑扶(图 3-39),待苗高 60～80 厘米时进行摘心,摘去先端约 20 厘米,当年可以培养成具有 3～4 个分枝的小幼树(图 3-40)。摘心时期不能晚于 6 月末。

嫁接后不要浇水过早。如干旱必须浇水时,可在一周后浇水。浇水不要漫到接口,以免引起流胶,影响成活。同时,要注意防治毛毛虫、椿象、尺蠖、梨小食心虫和叶斑病。

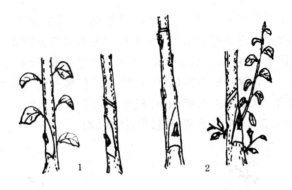

图 3-38 秋、春季接后剪砧和除萌

1. 秋接　2. 春接

4. 大苗培育技术

图 3-39 苗木绑扶

大樱桃幼树进入结果期较晚,温室栽培必须准备 4 年生以上的结果幼树。露地栽培能安全越冬的地区,可以直接将 1 年生幼苗栽植在预建温室地段,待进入结果期后建棚生产。露地大樱桃不能安全越冬的寒冷地区,可采取露地假植方法培育幼树,冬季用拱棚防寒或移入贮藏沟防寒(图 3-41)。初春再移入露地,经 3 年的假植培养后,可进入温室生产。也可直接外引 5～6 年生以上大树,移栽大树时注意少伤根。远途运输时,应在起苗后及时将根系用塑料膜包严,以防根系抽干。移栽大树是南苗北移,迅速投入生产的一条有效途径。

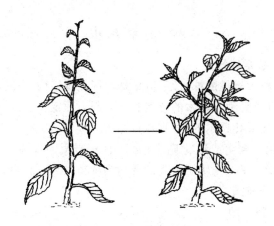

图 3-40　苗木摘心

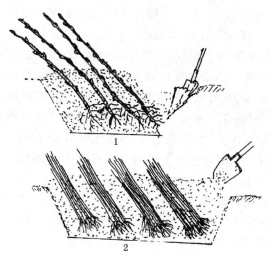

图 3-41　苗木贮藏

1. 单株摆放　2. 成捆摆放

四、苗木栽植

1. 确定株行距

栽植大樱桃的株行距,应根据不同设施结构,不同的树形结构,以及品种与砧木的特点和土壤肥力而定。

采用乔化砧木的,适宜株行距为 2.5 米×3 米或 3 米×4 米;采用半矮化或矮化砧木的,适宜株行距为 2 米×3 米或 2.5 米×3 米。土壤肥力高的要适当稀植,土壤肥力差的沙土地要适当密植。

2. 整　地

根据设计好的行向与株行距等,进行地面平整,整平后挖栽植沟。挖栽植沟,有利于增加有机肥的施用量,有利于增强土壤的透气性,既抗旱,又免涝。

栽植沟深 70～80 厘米,宽 150～200 厘米。挖沟时,把上面 30 厘米厚的表土放在一边,下面 40～50 厘米厚的生土放在另一边。沟挖好后,先在沟底填上 20～30 厘米厚的碎秸秆、杂草等物,在上面填上 20 厘米厚的生土。然后把有机肥按每株 50～100 千克的施用量,与表土混匀后填满沟,并凸起10～15 厘米。多余的生土可覆盖在最上面,或用来垒畦埂。将沟填好后,要灌一次透水(图 3-42)。

3. 栽植时期

秋季落叶后至春季发芽前均可栽植(图 3-43)。秋季栽植,仅限于露地能安全越冬的地区;不能安全越冬的地区,栽后必须覆盖。

4. 苗木选择和处理

栽植 1～2 年生苗木,应选择高度为 80～100 厘米,接口以上 10 厘米处直径大于 0.8 厘米,根茎 30 厘米以上,侧芽饱满,

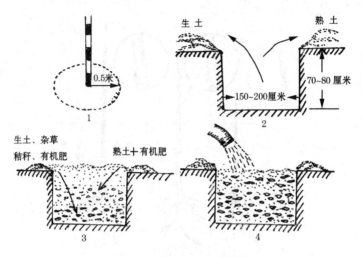

图 3-42　挖栽植沟及回填与沉实

1. 确定栽植穴位　2. 分开放沟土　3. 回填　4. 放水沉实

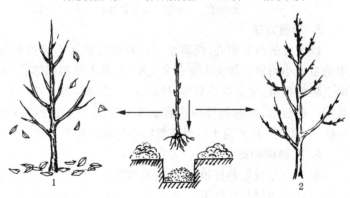

图 3-43　栽苗适期

1. 秋季落叶后　2. 春季发芽前

须根多,无根癌病的壮苗(图 3-44)。栽植前,将苗木根系放在水中浸泡 12 小时左右,然后用防根癌病的药剂处理根系。

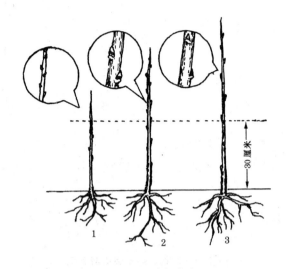

图 3-44　选择苗木

1. 弱苗　2. 壮苗　3. 徒长苗

5. 栽植方法

以定好的点为中心,挖栽植穴。栽植穴的大小可根据苗木根系大小而定。将苗木立在穴正中间,填土至根颈部后,再向上轻轻提苗,使苗根系舒展,然后踏实,上面再覆土至坑平。栽好后的苗木,其嫁接部位应在地平面下或与地面持平(图3-45)。嫁接口高的苗木以原栽植印迹与地面相平为准。

6. 授粉树的配置

配置一定数量的授粉品种,可显著提高大樱桃的坐果率。一个温室内的授粉品种不能少于 2 个,株数不能少于 30%。

根据主栽品种与授粉品种的株数的比例,确定授粉品种树的位置。一般采用分散式、中心式或队列式定植(图3-46)。

7. 定植后的管理

大樱桃苗木定植后,应立即灌一次透水。地皮稍干后,要

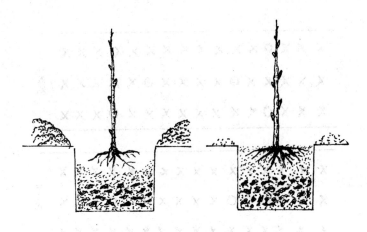

图 3-45　栽植方法

及时松土并覆地膜。以后可间隔 5～10 天,连续浇水 3～4 次。

五、温室的设计与建造

在温室生产中,将东、西、北三面为立墙,南面为半拱圆形的采光面,且覆盖塑料薄膜的温室,统称为塑料日光温室,简称温室(图 3-47)。此种温室适宜于北纬 35°以北地区生产用。将无墙体,结构为全圆拱形的,覆盖塑料薄膜的温室,称为塑料大棚温室,简称大棚(图 3-48)。

1. 温室的设计

(1) 方位　方位指温室屋脊的走向,采用坐北朝南,东西走向。各地区可根据本地方位,朝向正南和向东或向西偏 5°角左右。冬季气温高的地区,可向东偏 5°角。在寒冷的北纬 41°以北地区,由于上午气温低,不能过早揭开草帘,可偏西 3°～5°角,或正南方位。

(2) 跨度与矢高　跨度是指温室前底脚与后墙之间的距离。适宜大樱桃生产的温室,跨度应为 7.5～9.5 米,10～12

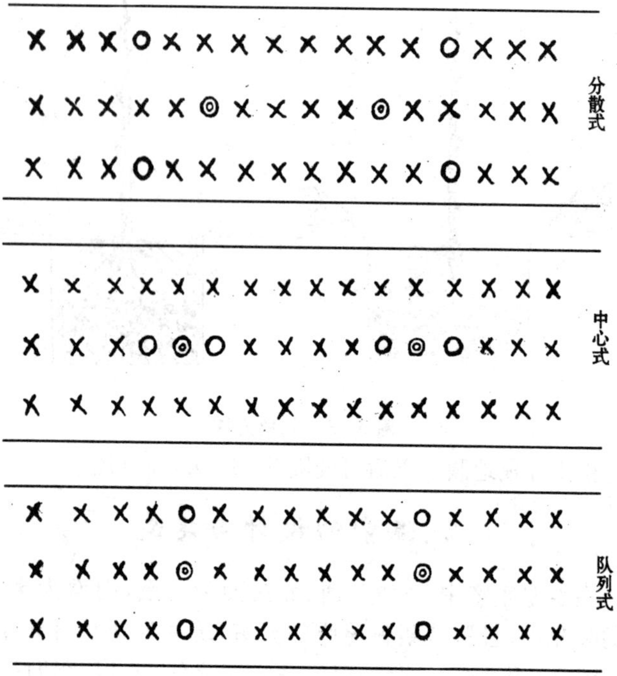

ｘ ｘ ｘ Ｏ ｘ ｘ ｘ ｘ ｘ ｘ ｘ ｘ Ｏ ｘ ｘ
ｘ ｘ ｘ ｘ ｘ ◎ ｘ ｘ ｘ ｘ ◎ ｘ ｘ ｘ ｘ ｘ 分散式
ｘ ｘ ｘ Ｏ ｘ ｘ ｘ ｘ ｘ ｘ ｘ ｘ Ｏ ｘ ｘ ｘ

ｘ ｘ ｘ ｘ ｘ ｘ ｘ ｘ ｘ ｘ ｘ ｘ ｘ ｘ ｘ ｘ
ｘ ｘ ｘ Ｏ ◎ ◎ ｘ ｘ ｘ ｘ Ｏ ◎ ◎ ｘ ｘ ｘ 中心式
ｘ ｘ ｘ ｘ ｘ ｘ ｘ ｘ ｘ ｘ ｘ ｘ ｘ ｘ ｘ ｘ

ｘ ｘ ｘ ｘ Ｏ ｘ ｘ ｘ ｘ ｘ ｘ ｘ Ｏ ｘ ｘ ｘ
ｘ ｘ ｘ ｘ ◎ ｘ ｘ ｘ ｘ ｘ ｘ ｘ ◎ ｘ ｘ ｘ 队列式
ｘ ｘ ｘ ｘ Ｏ ｘ ｘ ｘ ｘ ｘ ｘ ｘ Ｏ ｘ ｘ ｘ

图 3-46 授粉树配置方式

×：主栽品种 ○◎：授粉品种

米也可以，但覆盖的草帘（被）太长，会给管理带来许多不便。矢高是指屋脊距地面的垂直高度，一般为 3.5～4 米。

（3）长度与面积 长度以 60～100 米，面积以 450～800 平方米为宜。

（4）前后屋面角 前屋面角是指前屋面与地平面的夹角；后屋面角是指后屋面与地平面的夹角。前后屋面角度的大小，直接影响温室采光效果，以及前部树体生长和卷放帘作业。前屋面角一般以 50°～70°；后屋面角应比冬至太阳高度角

· 40 ·

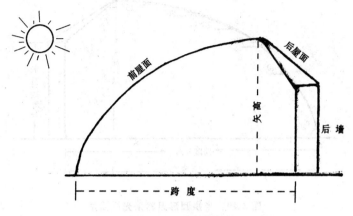

图 3-47　温室示意图

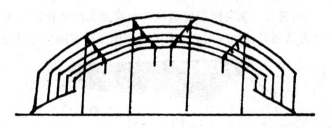

图 3-48　大棚示意图

大 7°～8°,一般以在 25°～28°之间为宜,以使温室内充满直射
阳光。距前底脚 1 米处的前屋面,高度不能低于 1.5 米。半拱
圆形温室的前屋面角,由前底脚开始,每米设一个切角,前底
脚的切角为 55°～60°,最上端的切角不小于 15°(图 3-49)。

(5)墙体与后屋面　墙体为土墙或砖墙。墙体厚度因有
无保温材料和地区气候不同而不同,以 50～60 厘米厚为宜。
后墙高度视矢高而定,矢高为 3.5～4 米时,后墙高度为
2.5～3 米。后屋面应采用短屋面,其宽度视跨度而定,以

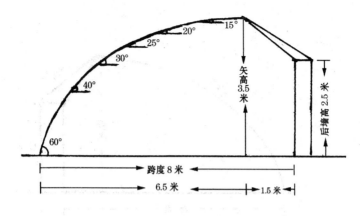

图 3-49　半拱圆形温室采光屋面角

1.7～2 米宽为宜。

(6) 通风　多采用后墙通风与前屋面肩缝或掀前底脚两结合方式通风(图 3-50)，也有的采用前屋面肩部与近屋脊处

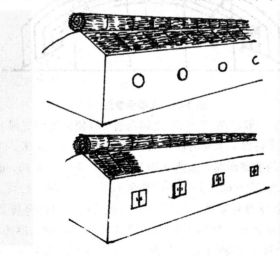

图 3-50　后墙通风口和通风窗

两结合方式通风(图 3-51),还有的采用通风筒与掀底脚相结合方式通风(图 3-52)。

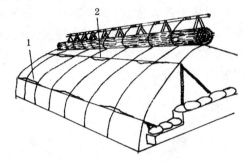

图 3-51　前屋面扒缝通风

1. 肩缝　2. 腰缝(顶缝)

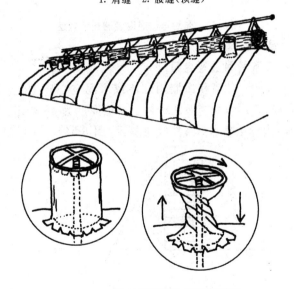

图 3-52　前屋面通风筒与扒缝通风

(7)温室前后栋的距离　在建造温室前,除要考虑温室的前方和左右两侧,有无高大建筑物或高大树木等遮光物外,还应注意前后温室的间距。前后栋温室的间距,以冬至时前栋温室对后栋温室不遮光为宜(图 3-53)。经过多年观察得出,北纬 38°以南地区的温室,间距应为温室高度(包括草帘卷起后的高度)的 1.8 倍;北纬 40°~43°地区的温室,间距应为温室高度的 2~2.3 倍。

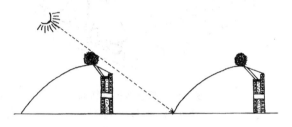

图 3-53 前后排(栋)温室遮光示意图

2. 温室的建造

(1)竹木结构温室建造

① **墙体** 后墙和山墙用红砖或水泥空心砖砌筑,或用草泥夯垛,或用编织袋装土夯垛。砖墙厚度为 48 厘米,泥墙厚度为 50~60 厘米,墙外堆防寒土(图 3-54)。为增强保温

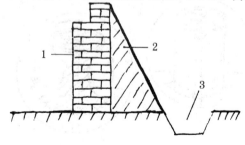

图 3-54 后墙墙体
1. 墙体 2. 防寒土 3. 取土沟

效果,还可用砖砌成空心墙,内填珍珠岩或内夹 2 层厚度为
3～5 厘米的苯板(图 3-55)。
为增强墙体蓄热量,也可用砖
砌成拱洞,俗称窑洞墙(图 3-
56);或用石头干砌,俗称干
碴石墙(图 3-57)。两侧山墙
的建造同后墙,高低与形状,
随前屋面骨架拱形砌筑。

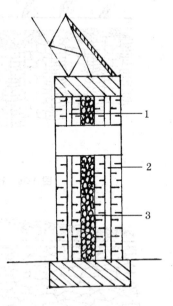

图 3-55　空心墙体
1. 内空心　2. 外空心　3. 珍珠岩

②后屋面骨架　后屋面
骨架有两种结构:一是檩椽结
构,每 3 米设一根后柱,支撑
脊檩,后柱高 2.5～3 米。脊
檩与后墙间铺椽子,椽头探出
脊檩 30～40 厘米,檩尾放在
后墙上。后墙为夯土墙的,
为防止下沉,可横铺木杆,
把椽尾固定在木杆上。椽头
上用木杆或木方作瞭檐,以
便安装拱杆(图 3-58)。二是桄檩结构,由后柱支撑桄头,桄
尾放在后墙上。每 3 米设一根架桄,桄上摆放三道檩木(图
3-59)。

檩和檩、椽和椽、瞭檐和瞭檐的连接方法有连接、搭接、拍
接和把铜钉对接法(图 3-60)。檩椽结构的檩的连接点应搭
在后柱上。瞭檐的连接点应搭在椽木上。桄檩结构的檩的连
接点应搭在桄上。后屋面骨架上用竹帘铺垫,上覆稻草或苯
板,再覆土 20～30 厘米厚。

③前屋面骨架　前屋面骨架有两种结构:一是有柱结构,

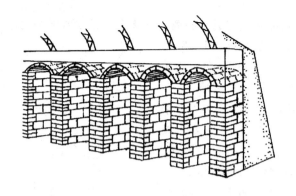

图 3-56　砖拱墙体

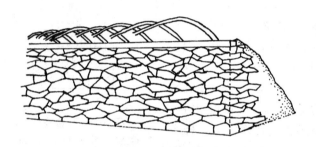

图 3-57　干碴石墙体

每 3 米设一根中柱和前柱,中柱高 2.5～2.7 米,前柱高
1.8～2 米,分别支撑中横梁和前横梁,用粗竹竿作拱,间距
60～80 厘米,竹竿与横梁交叉处用铁钉固定。檩椽结构的竹
竿上端固定在瞭檐上,柁檩结构的竹竿上端固定在前檩上。
下端至前横梁,接一根竹片作拱,插入前底脚土中。为防止
下沉,在前底脚处横放一根竹竿,把竹片固定在竹竿上。在
每拱杆间的竹竿上,用铁丝拴一个系绳环,用来系压膜绳。为
防止压膜绳与横梁摩擦,在拱竹竿与横梁相交处设一小立

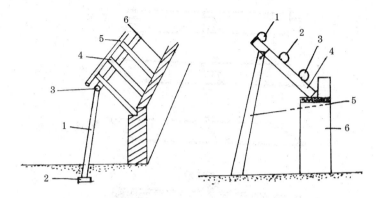

图 3-58　檩椽结构

1. 后柱　2. 垫木或石　3. 脊檩

4. 椽子　5. 瞭檐　6. 后墙

图 3-59　柁檩结构

1. 前檩　2. 中檩　3. 后檩

4. 柁　5. 后柱　6. 后墙

柱,为6～8厘米高(图3-61)。二是悬梁吊柱结构。在距前底脚0.5米处,立一根木桩,木桩下垫一脚石,每3米设一桁架,上端固定在柁头或前檩上,下端固定在木桩上。在桁架上设三道横梁,在三道横梁上设小吊柱,上端支撑拱杆,下端担在横梁上,用竹片作拱,间距60～80厘米(图3-62)。

(2)混凝土竹木结构温室建造

①**墙体**　同竹木结构温室。

②**后屋面骨架**　由水泥预制支柱、柁和檩,以代替易腐朽的木杆。每3米设一柁,柁头与柁尾担在后柱和后墙上,三道檩对接放在柁上。为安装牢固,在后柱与柁相交处预制卡槽,卡槽下留一孔,以便用8～10号铁丝将柱与柁固定(图3-63)。

③**前屋面骨架**　与竹木结构有柱骨架基本相同。不同之处是,中柱和前柱由水泥预制而成,柱头留有卡槽和孔。

(3)钢架无柱结构温室建造

①**墙体**　后墙和山墙必须用红砖或水泥砖砌筑,内外墙

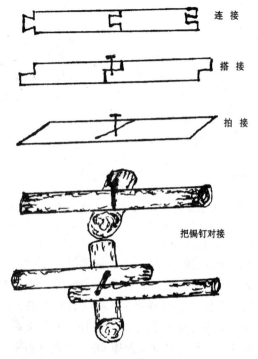

连接

搭接

拍接

把镉钉对接

图 3-60 连接方法

皮抹水泥砂浆。后墙、山墙和前底脚地基,用毛石砌筑,深30～50厘米。后墙顶梁和前底脚地梁分别浇注 20～25 厘米和 10～15 厘米厚的混凝土(图 3-64)。后墙顶梁混凝土中按骨架间距预埋焊接骨架的钢筋件,并按卷帘机立柱间距预埋钢管件(图 3-65)。如果卷帘机立柱焊接在钢骨架上,可不预埋钢管。前底脚地梁混凝土中,按骨架间距预埋焊接骨架的钢筋件,并在每个骨架中间预埋一个用来拴压膜绳的拴绳环(图 3-66)。两侧山墙距顶部 20 厘米左右,向下至前底脚处等距离预埋三个用来焊接三道拉筋的"十"字形钢筋件,山墙

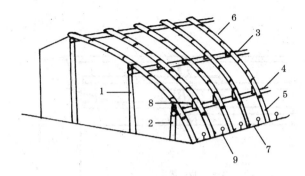

图 3-61　有柱骨架前屋面结构

1. 中柱　2. 前柱　3. 中横梁　4. 前横梁　5. 拱竹片

6. 拱竹竿　7. 底脚横杆　8. 小立柱　9. 拴绳环

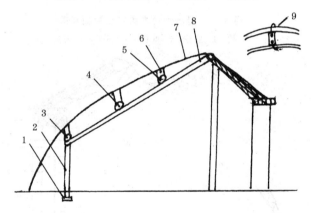

图 3-62　悬梁吊柱前屋面骨架结构(剖面)

1. 垫石　2. 木桩　3. 前横梁　4. 中横梁　5. 后横梁

6. 小吊柱　7. 拱杆　8. 桁架　9. 小吊柱安装

上面纵向镶嵌一根压膜槽(图 3-67)。后墙距地面 1.2～2 米高设通风洞或通风窗,间距 4～5 米。通风洞用瓷管镶嵌,管径为 40～50 厘米。通风窗为木制,窗口直径为 55 厘米。

②**后屋面**　后屋面钢筋骨架的正脊上,延长焊接一根 6

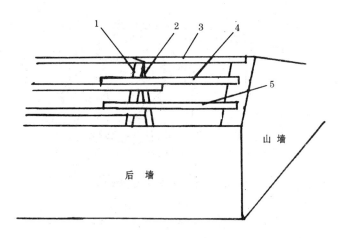

图 3-63 混凝土竹木结构后屋面骨架

1.柁 2.后柱 3.前檩 4.中檩 5.后檩

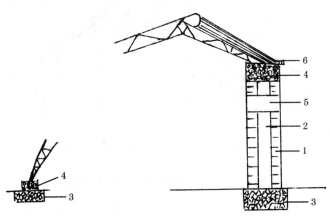

图 3-64 墙体和地基

1.空心砖 2.保温材料 3.地基 4.混凝土梁 5.通风窗 6.女儿墙

号槽钢,槽钢用以放木方固定棚膜。在槽钢外侧的每个骨架
中间,各焊接一个拴绳环,以便拴压膜绳。在后屋面的钢筋

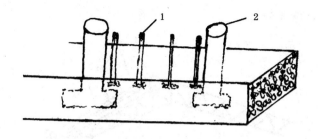

图 3-65 顶梁预埋件

1. 骨架预埋件　2. 卷帘机预埋件

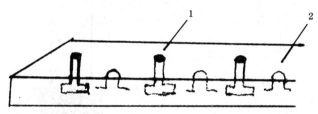

图 3-66 地梁预埋钢筋件

1. 焊接骨架预埋件　2. 系压膜绳铁环

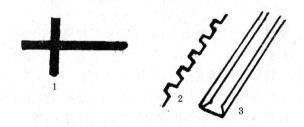

图 3-67 山墙预埋件和压膜槽

1. 十字形预埋件　2. 卡簧　3. 卡槽

骨架上铺木板,木板上铺 1～2 层苯板,苯板上铺一层珍珠岩或炉渣,上面抹水泥砂浆找平层,平层上烫沥青(一毡两油)

防水(图 3-68)。

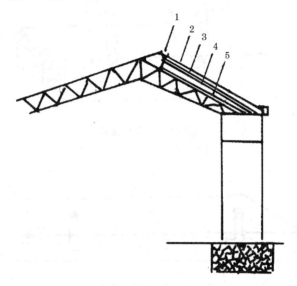

图 3-68　后屋面

1. 槽钢　2. 防水层　3. 水泥砂灰层

4. 保温层　5. 木板

③**前屋面**　钢骨架由直径 60 毫米镀锌钢管作上弦,12
毫米圆钢作下弦,10 毫米圆钢作拉花(腹杆),14 毫米圆钢
作拉筋。骨架上端固定在后墙顶梁预埋件上,下端固定在前
底脚地梁的预埋件上,骨架间距 80～85 厘米。骨架横向焊
接三道拉筋,拉筋两端焊接在山墙里的预埋件上(图 3-69)。

(4)背连式温室建造　背连式温室,也称背棚或子母棚。
即在半拱圆式温室的背面,利用其后墙,连体建造一个无后屋
面的半拱圆式温室(图 3-70)。后棚跨度为前棚(南面棚)的
3/4 或 4/5,覆盖棚膜和草帘的时间相同,揭帘升温的时间比
前棚晚一个月左右。此种结构的温室,可充分利用温室后面

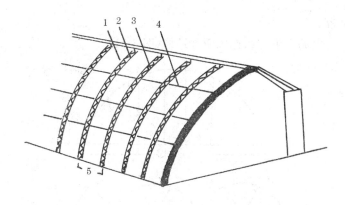

图 3-69 前屋面结构

1. 上弦 2. 拉花 3. 下弦 4. 拉筋 5. 架间距

的空闲地,而且后棚为前棚保温,并可以利用前棚上一年用过的旧棚膜和草帘。另外,还可以利用前棚的卷帘机一并卷帘。

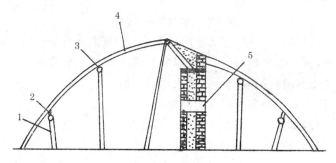

图 3-70 背连式温室

1. 立柱 2. 小支柱 3. 横梁 4. 拱杆 5. 通风洞

3. 大棚的设计

大棚无墙体,建造成本低,与温室配套栽培,可延长果品供应期。露地大樱桃能安全越冬的地区,利用大棚栽培可采取覆盖草帘和无覆盖草帘两种方式,北部寒冷地区必须覆盖草帘。

大棚有单栋和连栋两种结构(图 3-71)。

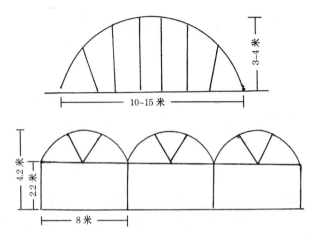

图 3-71 单栋和连栋大棚

(1)方位 多为南北方向延长建造。南北走向,光照分布均匀,树体受光好,有利于保温和抗风。东西走向建造的,多数是受到地块的限制。这种大棚,南北两侧光照差异大。另外,拱弦式大棚多为东西走向建造。

(2)高度 矢高 3～3.5 米,肩高 1.2～1.5 米。

(3)长度 一般为 60～100 米。

(4)跨度 有支柱的大棚,跨度为 8～20 米;无支柱钢筋骨架的,跨度不能超过 8 米。连栋大棚是在单栋钢架大棚的基础上,发展起来的一种大型化大棚。连栋大棚有二连栋和多连栋。它和单栋大棚方位一样,都是南北方向。

(5)通风 多采用肩部扒缝通风,或顶部开缝通风,或掀底脚通风。

4. 大棚的建造

(1) 竹木单栋大棚 其跨度为 10～15 米,矢高 3～4 米。骨架由拱杆、立柱、横杆(拉杆)和小立柱等构成。立柱有 4～6 排,横向间距 2 米,纵向间距 3 米,立柱脚下置一块混凝土预制板,以防下沉。在每排立柱上搭横杆,横杆上用竹竿或竹片作拱杆,拱杆与横杆相交处设一小立柱。每排拱架间距 0.8 米,每排拱架底脚中间的地下埋一地锚,锚上设一系绳环,用于固定压膜绳(图 3-72)。覆盖草帘的大棚,中间两排

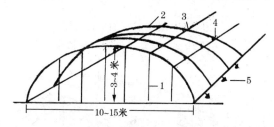

图 3-72 竹木单栋大棚结构

1. 立柱 2. 拱杆 3. 横杆 4. 小立柱 5. 地锚

立柱的横向间距可适当缩小,立柱上铺木板作走台(图 3-73)。为降低成本,横杆可用钢丝绳代替,钢丝绳上用竹竿或竹片做拱。棚中间只设一排水泥柱,立柱上安装卷帘机(图 3-74)。

(2) 钢架单栋大棚

①**无柱钢架拱圆式** 这种大棚跨度为 7～9 米,矢高 2.2～3 米,拱架由直径 40～60 毫米钢管作上弦,12～16 毫米圆钢作下弦,8～10 毫米圆钢作拉花,12～14 毫米圆钢作拉筋,拉筋纵向 3～4 道,拱架间距 0.8 米(图 3-75)。

②**无柱钢架拱弦式** 这种大棚跨度为 7～9 米,矢高 2.5～3.5 米。拱架建造分前屋面和后屋面,前屋面为半拱

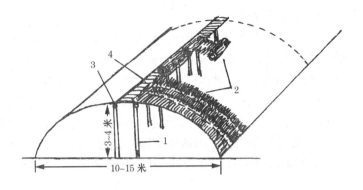

图 3-73　覆盖草帘的单栋大棚
1. 立柱　2. 草帘　3. 横梁　4. 铺板

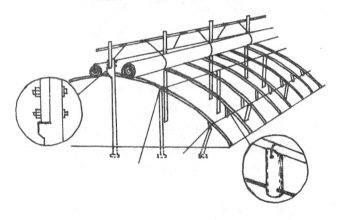

图 3-74　用钢丝绳当横杆的大棚

圆形，后屋面为斜直式，也称墙坡一体温室(图 3-76)。后屋面铺挂草帘或棉被，升温期间后屋面覆盖物不揭开。

　　③有柱钢架拱圆式　这种大棚跨度为 15～20 米，矢高 3～4.5 米，拱架及拉筋的建造，与无柱大棚相同，所不同的是在棚内棚脊处设有两排或一排立柱，立柱间距 3～4.5 米。

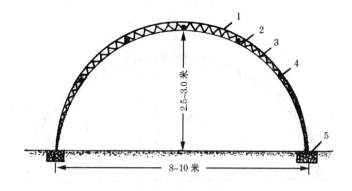

图 3-75　无柱钢架拱圆式大棚

1.上弦　2.下弦　3.拉花　4.拉筋　5.地梁

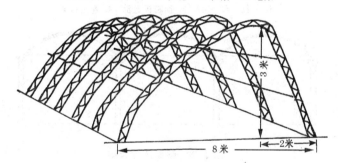

图 3-76　无柱钢架拱弦式大棚

覆盖草帘的大棚，棚脊处覆盖木板或水泥预制板作走台，棚脊处还可安装卷帘机(图 3-77)。

(3) 钢架连栋大棚　其拱架由直径为 40～60 毫米的钢管作上弦，直径为 12～16 毫米的圆钢作下弦和拉筋，直径为 8～10 毫米的圆钢作拉花，用水泥预制支柱和天沟板(图 3-78)，每排拱架插于天沟板预埋的铁环里(图 3-79)。

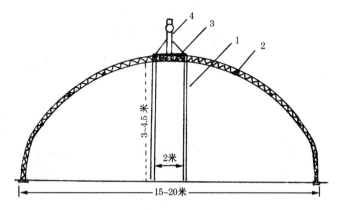

图 3-77 有柱钢架拱圆式大棚

1. 立柱 2. 拉筋 3. 预制板走台 4. 卷帘机架

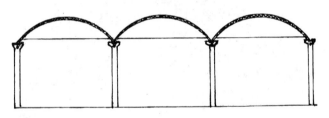

图 3-78 钢架连栋大棚

六、温室和大棚的配套设施及材料

1. 卷帘机

目前,生产上普遍应用电动卷帘机。即在温室的后屋面上,每隔 3 米设一个角钢支架或钢管支架,在支架顶部安装轴承,穿入直径 50～60 毫米的一道钢管作卷管(图 3-80),在棚中央设一方形支架,支架上安装一台电动机和一台减速器(图 3-81),配置电闸和开关,卷放草帘时扳动倒顺开关即

可卷放。卷放时间为 8～10 分钟。为加
快放帘速度，还可安装闸把盘。每台卷帘
机造价约 0.3 万～0.5 万元。

全拱圆式大棚或背连式温室的卷帘
机，可将卷帘绳一正一反拴牢，即可将两
侧草帘同时卷放（图 3-82）。

2. 卷帘机遥控器

遥控器是无线电设备，在 100 米内的
任何一个地方，均可控制卷帘机的制动装
置。一般每台遥控器控制一台卷帘机（图
3-83），每台价格为 200～300 元。

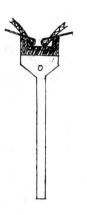

图 3-79　水泥预制柱

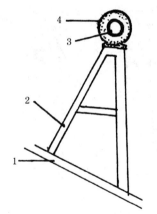

图 3-80　卷帘支架

1. 钢骨架　2. 角钢支架

3. 钢管　4. 轴承

图 3-81　卷帘装置

1. 电机　2. 机架　3. 闸把盘

4. 卷管　5. 减速机　6. 开关

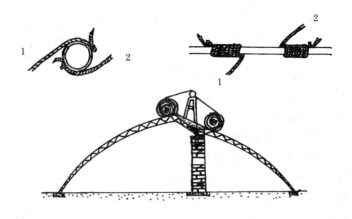

图3-82 温室卷帘结构(双面同时卷帘)

1. 前棚卷帘绳 2. 后棚卷帘绳

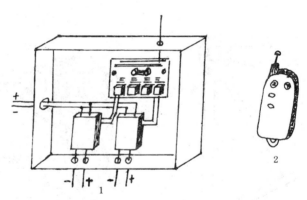

图3-83 卷放帘自动控制设备

1. 自动卷放帘控制箱 2. 手持遥控开关

3. 输电线路

建温室必须安全配置输电线路,以方便于卷放草帘和灌溉、照明等用电。

4. 灌溉设施

温室冬季灌溉用水,必须是深井水,以保持有 8℃ 以上的水温。水井在温室外的,要设地下管道,将井水引入温室,管道需埋在冻土层以下。温室内的灌溉方式,最好是蓄热式滴灌(图 3-84)。

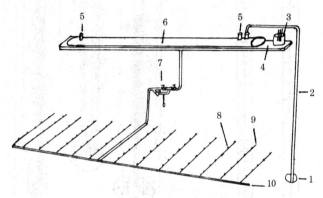

图 3-84　蓄热式滴灌设施
1. 水井　2. 上水管　3. 水位探头　4. 水袋托板　5. 排气孔
6. 水袋　7. 滴灌首部　8. 滴孔　9. 毛滴管　10. 支滴管

5. 作业房

作业房是管理人员休息或放置工具等物的场所。建在东西两侧山墙处。建筑面积为 8～20 平方米。

6. 温、湿度监控设备

观测温度的常用设备,有吊挂式水银温度计或酒精温度计(图 3-85)。观测湿度的设备,有干湿球温度计(图 3-86),有条件的还可安装温度自动控制设备(图 3-87)。

7. 覆盖材料

覆盖材料包括塑料薄膜、草帘、保温被(防寒被)和纸被等。

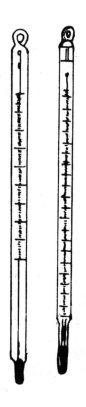

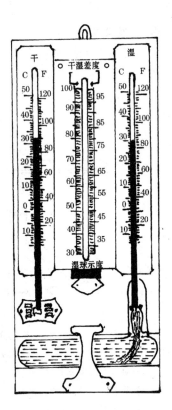

图 3-85　水银温度计　　　　图 3-86　干湿球温度计

（1）**塑料薄膜**　覆盖常用的塑料薄膜,有聚乙烯长寿无滴膜和聚氯乙烯无滴防雾膜两种。聚乙烯长寿无滴膜,抗风能力强,适宜于冬、春季风较大的地区使用。此膜比重小,同样重量的聚乙烯比聚氯乙烯的覆盖面积多 20％～30％,透光率衰减速度较慢。聚氯乙烯无滴防雾膜,抗风能力弱,适宜于冬、春季风较小的地区使用。该膜的透光率和保温性能好,不产生水滴和雾气。其不足之处是透光率衰减速度较快,在

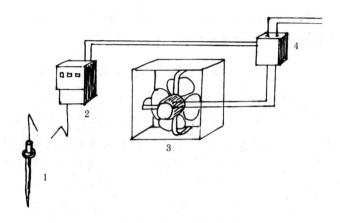

图 3-87　温度自动控制设备

1. 温度探头　2. 温控表　3. 排风扇　4. 接触器

高温条件下，膜面易松弛，在大风天时易破损。塑料薄膜使用寿命为一年。

（2）草帘　草帘是覆盖在塑料薄膜上的不透光保温材料。草帘多为机械编制，取材方便，价格比较低。幅宽1.2～1.5米，厚5～8厘米。使用寿命为2～3年。

（3）保温被　保温被也称防寒被，是覆盖在塑料膜上的不透光保温材料，为取代草帘的换代产品。常用的有两种，一种由化纤绒制成，其被里由3～5层化纤毯，内夹1～2层薄膜防水层，被面用防水的尼龙编织篷布缝制。另一种是用防雨绸布中间夹一层1～2厘米厚的聚乙烯发泡膜制成。这两种保温被重量轻，保温效果好。但造价较高。

（4）纸被　纸被是用在草帘或棉被下面的保温材料，由3～5层牛皮纸缝制而成，常用在北纬40°以北地区。

（5）卷帘绳和压膜绳　二者多为尼龙绳。常用卷帘绳的粗为直径8毫米。人工卷帘的温室和大棚，每块草帘需用一根绳。机器卷帘的每3延长米左右用一根。压膜绳的粗度为直径6毫米,每排骨架用一根。

七、覆盖材料的连接与覆盖

1. 塑料薄膜的剪裁和烙接

首先,将薄膜按温室或大棚的长度或略长于温室裁剪,再用电熨斗烙合(图3-88)。采用聚氯乙烯薄膜的也可采用环己酮胶粘合。聚乙烯薄膜幅宽9～12米,棚面不留通风缝的不用烙接,裁后可直接覆盖。聚氯乙烯薄膜幅宽3米,需按温室或大棚的跨度决定裁成几块。8～9米跨度的温室需裁成3块。留通风缝的,可在风口的两个边各放一根尼龙绳(风口绳)烙合或粘合(图3-89)。

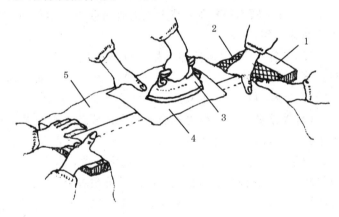

图3-88 用电熨斗烙合

1. 长凳 2. 麻袋片 3. 电熨斗 4. 牛皮纸 5. 塑料薄膜

2. 塑料薄膜和草帘的覆盖方法

覆盖薄膜时,要选择无风暖和的天气。覆盖方法,以半拱圆式温室为例,先将压膜绳拴于后屋面大棚正脊处,再把膜

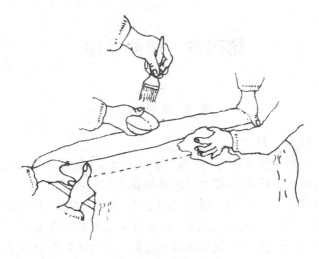

图 3-89　将风口绳粘合

沿温室走向放在前底脚后，用压膜绳将膜拉到后屋面上，从上往下放膜，使膜覆盖整个棚面。再将膜的一端固定在一侧山墙上，然后集中人力，在另一侧山墙上抻紧、抻平薄膜后，将山墙和后屋面上的薄膜同时固定好，同时拴紧压膜绳。

　　覆盖薄膜后，要立即覆盖草帘。覆盖草帘的方法有两种，一种是从中间分别向两侧覆盖，另一种是从一侧开始覆盖。东南风频繁的地区，需从西侧开始覆盖；西北风频繁的地区，需从东侧开始覆盖。机械卷帘的需将草帘用尼龙绳连接成一个整体。覆盖后，将底脚草帘固定在底脚杆上，使之成为一体。

第四章　田间管理

一、覆盖与升温时间

1. 覆　盖

当外界气温第一次出现 0℃ 以下低温(初霜冻)时,就可进行覆盖。覆盖后,棚内温度保持在 0℃～7.2℃ 范围内。覆盖后的整个休眠期间,温度若高于 7.2℃,可在晚间温度低时揭帘通风降温;若温度过低,可在白天适当卷帘升温至 7℃。这样,有利于棚内升温后地温的提高。此期需要 50 天左右。

人工制冷温室的覆盖时间,依据果实上市的时间要求来定,但必须是在树体基本完成当年的生长发育之后。计划春节果实上市的,覆盖的时间为 9 月上旬。

2. 升　温

升温时间,依据大樱桃休眠期的低温需求量和设施类型来确定。目前,栽培的多数品种的低温需求时间量在 800～1 100 小时。升温时间依棚内品种最高的需冷量来确定。

如果需冷量不足,会出现萌芽开花不整齐、花期拉长或开花晚、坐果率低等现象。温室栽培大樱桃,满足需冷量的时间达到 1 200 小时左右较为安全可靠。

温室栽培的,因有较好的保温性能,在满足需冷量后即可升温。大棚栽培的,由于保温性能较差,升温时间不宜过早。覆草帘的应在外界旬平均气温不低于 −12℃ 左右时升温;无草帘覆盖的,应在旬平均气温不低于 −8℃ 左右时升温。如果升温过早。开花期和幼果期则易遭受寒流,使棚内温度下降幅度较大,导致冻害发生。

另外,当棚室多、面积大时,为减轻采果、销售和运输压力,可分期升温,使果实成熟期错开。

二、温度、湿度、光照与气体调控

温室栽培大樱桃,其环境条件与露地不同。它不仅受自然条件的限制,也受人为因素的影响。其中温度、湿度和光照,是诸多因素中最为重要的因素。它们直接影响着大樱桃树体的生长发育,也是栽培成功与失败的关键。

1. 温度、湿度的调控

温度和湿度,是指棚内的气温、湿度和地温,必须保持在大樱桃生长发育所需的最适范围内,适宜的温度和湿度调控指标如表 4-1 所示。

表 4-1　大樱桃各生育期温、湿度调控指标

温、湿度	休眠期	萌芽期	开 花 期	幼果期	着色期	采收期
温度(℃)	0～7.2	5～18	8～18	12～22	14～24	14～25
湿度(%)	70～80	70～80	50～60	50～60	50～60	50～60
地温(℃)	5～8	8～18	14～20	16～20	16～20	16～20

(1)温度调控　升温 1 周内,棚内温度白天最高不超过 15℃。之后,每隔 2～3 天提高 1℃,至 18℃保持到落花期,夜间不低于 3℃～5℃。此期间升温的速度不可过快,温度指标控制不可过高。因为从这时起至开花为萌芽期,也称孕花期,花芽在这段时间里还在进一步分化,温度升高过快或过高,都会影响花芽分化的质量,最终影响坐果率。所以,应缓慢提高棚温,从开始升温至开花期,必须历经 30 天以上。否则,即便是开花了,坐果率也是极低的。

幼果期的白天温度应控制在 18℃～22℃,夜间不低于 8℃～12℃。果实成熟期的白天温度应控制在 18℃～24℃,夜间不低于 10℃～14℃。在温室生产中,可通过以下措施进行温度调节:

①**增温措施** 要增加供暖和保温设施。对于保温性能差的温室,应加盖一层纸被或棉被。当遇到气温骤降,棚内温度过低时,或连续阴雪天白天不能卷帘时,应增加临时供暖设备加温,如热风炉(图 4-1)和暖气等。

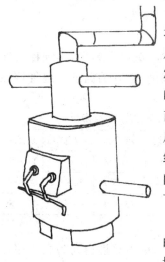

掌握正确的卷放帘时间,也是增加温度的必要方法。一般揭帘后,棚内气温短时间下降1℃～2℃,然后上升,为比较合适的揭帘时间。若揭帘后棚内温度不下降,而是升高,则表明揭帘过晚。放帘后温度短时间回升1℃～2℃,然后缓慢下降,为比较合适的放帘时间。若放帘后温度没有回升,而是下降,则表明放帘时间过晚。

此外,经常及时清除棚膜上的灰尘,增加透光率,也是有效的增温措施。

图 4-1 热风炉

②**降温措施** 主要通过打开通风窗等来调节,通风量要根据季节、天气情况和大樱桃各生育阶段对温度的要求,来灵活掌握。当棚内温度达到最适气温时,开始逐步通风。在开放通风口时,要由小渐大,使温度平稳均匀地变化。不能等待温度升高至极限时,突然全部打开通风口。这样,会造成骤然降温,使花、叶或果实受到伤害。

（2）湿度调控　湿度对大樱桃的生长影响很大。如萌芽至开花期湿度过低，萌芽和开花不整齐，花柱头干燥，不利于花粉管萌发；湿度过高时，花粉粒过于潮湿，不易散粉，也易引起花腐病；幼果期湿度过高，易引起灰霉病和煤污病的发生；果实着色期湿度过高，则容易引起裂果。

①**降湿措施**　应把土壤水分与通风排湿结合起来管理。首先，在不影响温度的前提下，可开启少量通风口，通过换气排湿。其次，是改变灌水方式。可采用膜下灌溉或坑灌。灌水时间，应选择连续晴天之前的上午，还可利用生石灰吸湿的特性，吸收棚内空气水分。可用木箱或盆子等容器盛装生石灰，置于棚内（图4-48），667平方米用量为200～300千克。

另外，要选用无滴防雾棚膜。在覆膜时，南北向要抻紧，避免有褶皱，以减少滴水和雾气。

②**增湿措施**　需要增湿是在萌芽期和开花期，措施是向地面喷水（图4-2）。在晴天的上午9～10时，向地面喷雾或洒

图4-2　喷水增湿

水。水不要喷洒过多,以放帘前1~2小时全部蒸发完为宜。有条件的可用加湿器来增湿。

2. 光照的调控

增加光照,除了选择最优结构和合理方位的设施,以及适宜的塑料薄膜外,还应适时采取增光和补光措施,以弥补冬季和阴雪天光照时间短和光照量的不足。

(1)延长光照时间　覆盖期间,要坚持适当早揭晚放草帘。阴天时,在不影响温度的情况下,尽量要揭帘,散射光也有利于树体生长发育。要避免阴天不揭帘。

(2)清洁棚膜　利用棉布条或旧衣物等制作长把拖布,经常清洁棚膜上的灰尘和杂物(图4-3),增加棚膜的透光率。这是一项非常重要的增加光照的措施。一般每2~3天清洁一次。

图4-3　清洁棚膜

(3)铺设反光膜　于幼果期开始,在树冠下面和后墙铺挂高聚酯铝膜,将射入温室树冠下和后墙上的阳光反射到树上。

(4)补光　在遇到连续阴雪天或多云天气,无法揭帘时,多采用日光灯、碘钨灯补光。采用日光灯补光的,灯具以距树冠上部 60 厘米以上为宜。每 40～50 平方米设一盏灯。

3. 气体的调控

温室内的空气成分与露地不同,主要表现在两个方面:一是二氧化碳(CO_2)浓度低,二是肥料分解释放的有害气体等。气体影响不像光照和湿度那样直观,往往被人们所忽视。

(1)二氧化碳的调控 二氧化碳是植物光合作用不可缺少的原料。若树体长期处在二氧化碳浓度低的条件下,就会严重影响光合作用。温室内二氧化碳浓度变化规律是,从下午放帘后,随着植物光合作用的减弱和停止,二氧化碳浓度不断增加,22 时达到最高值。次日揭帘后,随着太阳光的照射,光合作用的加强,二氧化碳浓度急剧下降,至上午 9 时二氧化碳浓度已低于外界大气的二氧化碳浓度,放风之前出现最低值。

生产中,通常采取人工补充二氧化碳气体的办法来解决。补充的方法有:①施用固体二氧化碳肥料。②采用二氧化碳发生器(图 4-4),将稀硫酸和碳酸氢铵混合,发生化学反应,产生二氧化碳气体。③通风换气调节。晴天时,揭帘后和放帘前,少量开启风口,进行气体交换,补充二氧化碳。

释放二氧化碳气体,应在花后开始采用。一般在晴天揭帘后 0.5～1 小时释放,放帘时停止。释放时,可适当提高棚内温度,以便充分发挥肥效。

(2)有害气体的控制 常发生的有害气体,有氨(NH_3)、二氧化氮(NO_2)、二氧化硫(SO_2)和一氧化碳(CO)等。要严格控制这些有害气体的产生。

①**氨和二氧化氮气体** 主要来自未腐熟的畜禽粪和饼肥等的发酵分解过程,以及施用氮肥没覆土,使氨气和二氧化氮气体释放至空气中,导致植物中毒。氨害多发生在施肥后 1 周内,二氧化氮危害多发生在施肥后 1 个月左右。氨害使幼

图 4-4　二氧化碳发生器

叶出现水渍状斑点,严重时变色枯死。二氧化氮害使叶片褪色,出现白斑,浓度高时叶脉变成白色,甚至全株枯死。

②二氧化硫和一氧化碳气体棚内的二氧化硫是由于燃烧含硫量高的煤炭而产生的。一氧化碳是由于煤炭燃烧不完全和烟道有漏洞缝隙而排出的毒气。受害叶片的叶缘和叶脉间细胞死亡,形成白色或褐色枯死。

三、土肥水管理

1. 土壤管理

土壤管理的目的,是为大樱桃的生长发育创造一个良好的环境。这首先是要有深厚的土层,才能根深叶茂。第二是要含有丰富的有机质,才能保持松软状态,涵养水分、养分和空气。第三要有适宜的水分条件,才能满足树体对水分的需要。第四需有平衡的养分供应,才能平衡营养生长和生殖生长的关系,保证大樱桃高产、稳产和优质。

土壤管理主要包括土壤深翻扩穴、中耕除草、水土保持和地面覆盖。具体管理工作,要根据当地的具体情况,因地制宜地进行。

(1) 深翻改土　是指苗木栽植前的土壤深翻和栽植后的土壤深翻,并在深翻的同时改良土壤。栽植前的深翻,称挖通沟;栽植后的深翻,称扩穴。

栽植后的深翻,是针对栽植前没有挖通沟,栽植3～5年后根系舒展不开,因而进行的扩穴作业(图4-5)。从栽植穴的边缘开始,每年向外挖沟,一般沟深60厘米,宽50厘米。随挖随捣入有机肥。土壤黏重者要掺沙改土。这样逐年扩大,直到两株之间深翻沟相接为止。深翻后要立即浇水。深翻过程中注意不要伤及粗根,要将根系按原方向伸展开。

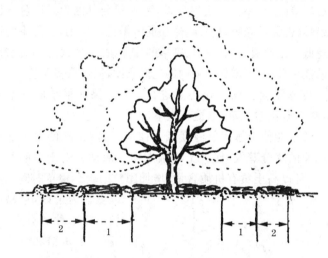

图4-5 扩 穴
1. 第一次扩穴 2. 第二次扩穴

深翻扩穴的时期,为早秋结合秋施基肥进行。此时气温较高,有利于有机肥的分解,根系也处于活动期,断根容易愈合。

(2)中耕除草 每次降雨和浇水之后必须松土。松土可以切断土壤的毛细管,减少土壤水分的蒸发,防止土壤板结和返碱,改善土壤通气状况,促进土壤微生物活动,同时铲除杂草,减少土壤养分消耗。松土深度一般以5～10厘米为宜。

(3)地面覆盖 包括覆膜和覆草两项措施。

覆膜,常在栽苗期和温室升温至采收期采用。栽苗期地面覆膜,其目的是提高地温,保持土壤水分,有利于苗木成活。升温至采收期覆膜,目的是提高地温,降低棚内空气湿度。覆膜时,要根据不同的生产目的而选用不同类型的塑料薄膜。无色透明聚乙烯薄膜,透光率高,可保水增温,但不抑草。黑色聚乙烯薄膜,对阳光的透射率低,可抑制杂草滋生。银色高聚酯铝膜,也称反光膜,具有隔热和反射阳光的作用,在夏季使用可降低一定地温,也有驱蚜、抑草的作用,在果实发育期覆盖地面或挂在后墙,可增加树冠内的光照强度,促进果实着色。

覆薄膜应在树盘松土后进行。为了保证根系的正常呼吸,膜下应垫些乱草,以提高土壤透气性。

覆草能使土壤表层温度相对稳定,抑制杂草的生长和减少地面的水分蒸发,促进土壤微生物的活动。由于草的腐烂分解,可提高土壤有机质含量,增加团粒结构。覆草时间一般以夏季为最好,草易腐烂。覆草种类有麦秸、豆秸、玉米秸和稻草等多种秸秆或野草(图 4-6)。覆草数量一般为每 667 平方米 2 000 千克以上,覆盖厚度为 15～20 厘米。既可直接覆盖,也可先将草切碎,再撒上尿素或鲜尿,堆成垛,稍加腐熟后再覆盖。覆盖前,要浅翻树盘。

图 4-6 树盘覆草

2. 施肥时期与方法

温室栽培大樱桃树体的生长发育,提早在冬季至翌年早春进行。由于棚内温度相对较低,光照条件较差,致使根系生长较晚,树体当年的营养早期产生较少,加之高密度栽培需要较高的养分供应,所以增加树体贮藏营养和及时供应养分,是提高产量和品质的前提条件。

大樱桃的施肥,应以树龄、树势、土壤肥力和品种的需肥特性为依据。3年生以下的幼树,树体处于扩冠期,营养生长旺盛,此期对氮、磷需求较多,应以氮为主,辅以适量的磷肥,以促进树冠及早形成。4～6年生为初果期,此期除了树冠继续扩大、枝叶继续增加外,关键是完成了由营养生长到生殖生长的转化,促进花芽分化是施肥的主要目的,因此应控氮、增磷、补钾。7年生以后进入盛果期,由于大量开花结果,树势减弱,除供应树体生长所需营养外,重要的是为果实生长提供充足的营养。此期应适量配施氮肥、磷肥和钾肥。

年周期中,萌芽至采收期是大樱桃需肥的高峰期。

进行土壤施肥,应将肥料施在根系集中分布区(图4-7)。大樱桃的吸收根系,多分布在树冠下10～40厘米的土层中。树冠外围及枝梢垂直于地面地带的根系,是主要吸收根系,而根茎部位的根系主要起输导、贮藏营养的作用。此外,叶片、枝干也有吸收养分的功能。无论是追施化肥还是施基肥,都要根据根系、枝叶吸收养分的特点,进行操作。

(1)秋施基肥 基肥,是年生长周期中所施用的基础性肥料,对树体的生长发育起决定性作用。施用的最佳时期为初秋。各地气候不一,以霜前50～60天施入为宜。此期营养被根系吸收后,贮藏于树体枝干及根中,为下一年的萌芽和开花提供充足的营养。可采用条状沟施肥法。第一年在树盘外围

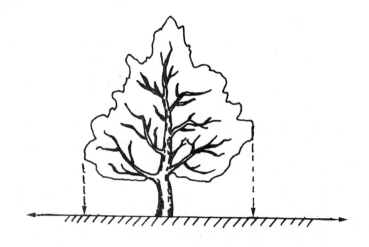

图 4-7　施肥位置

的两侧各挖一条深 30～40 厘米,宽 30 厘米,长约树冠 1/4 的圆弧形沟,将肥料施入沟中;第二年在树冠的另两侧(图 4-8)施基肥,或在树盘外围挖圆形沟(图 4-9),将有机肥与适量的土和一定量的化肥掺匀后,施入沟内,并加以回填。

(2)**萌芽期追肥**　此时追肥,能明显提高坐果率和促进枝叶的生长。采用放射沟施肥法,从距树干 50 厘米处向外开始挖 6～8 条放射状沟,沟深、宽各 10～15 厘米,沟长至树冠的外缘(图 4-10),施入速效性化肥或有机肥。萌芽中后期,还可根外追施生物液肥。

(3)**花期追肥**　花期追肥,对促进开花、坐果和枝叶生长,都有显著的作用。此期一般以根外追肥为主。

(4)**花后追肥**　花后至采收期,是幼果生长和花芽分化期,养分需求量大。适时追肥不仅能显著提高果品产量,还可有效促进花芽分化。此期以根外追肥为主。

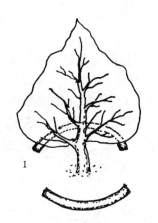
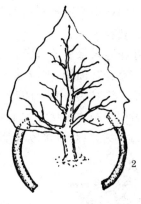

图 4-8 条状沟施肥

1. 第一年 2. 第二年

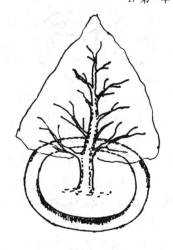

图 4-9 圆形沟施肥

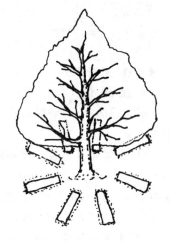

图 4-10 放射状沟施肥

（5）采果后追肥 果实的生长发育和花芽分化,对树体养分消耗较大。采果后,树势需要恢复,花芽分化还在继续进行。此期可土壤追施腐熟人粪尿、猪粪尿、豆饼水或复合肥等速效性肥料。

开花至采果后的施肥,还可采取叶面喷施和枝干涂抹的方式。喷施叶面肥,要求喷于叶背面(图 4-11),通过气孔吸收利用。涂抹专用型的液体肥料(应用较多的是氨基酸液肥),需用毛刷均匀涂于主干或主枝上,通过树皮的皮孔渗入(图 4-12)树体内,供吸收利用。

图 4-11　叶面喷肥　　　　图 4-12　涂干施肥

3. 施 肥 量

施肥量的多少,要根据树龄、树势、产量和土质等诸多因素来决定。

(1)土壤施基肥量 猪厩粪或农家肥,其施用量为:幼树50～100 千克/株,盛果期树 100～150 千克/株;纯湿鸡粪,其施用量为:幼树 20 千克/株,盛果期树 30 千克/株;湿饼肥,其施用量为:幼树 15 千克/株,盛果期树 30 千克/株。

(2)土壤追肥量 追施氮、磷、钾元素配比为 2∶1∶0.5的混合肥料时,施用量为:幼树 0.5～1 千克/株,盛果期树 1～1.5 千克/株,豆饼水 2.5～5 千克/株。过磷酸钙 0.5～1 千克/株。

氮、磷、钾元素的配合比例,因土质、气候、品种、树势和树龄等不同,所采用的配比也不尽相同,应根据本园地的具体情况,确定最佳氮磷钾施用配比。

(3)根外追肥浓度 于花期喷施一次 0.2%～0.3% 的硼砂液,或喷一次 30～50ppm 赤霉素液,提高坐果率。在花后半月至采收后一个月期间,应交替喷施 5～6 次 300 倍液磷酸二氢钾和 600 倍液活力素,以促进花芽分化。在采收后,应加入 500 倍液尿素,以防止叶片和花芽老化。

4. 水分管理

大樱桃对水分状况反应敏感,在栽培上表现出既不抗旱,又不耐涝的特点,特别是在谢花后到果实成熟前的果实发育期,是果实生长和花芽分化的重要时期,要求勤灌水和少量灌水。进入雨季后,还要注意排涝,做到适时适量灌水,及时排涝。

(1)灌水时期和灌水量 对尚未进入结果期的幼树,要根据树体生长发育的需要和降雨情况,重点灌好春季萌芽水和入冬封冻水。灌萌芽水在发芽前进行,以满足展叶和抽枝对水分的要求。这一期间,气温较低,灌水量不宜过大,灌后要及时松土。封冻水则在土壤封冻前灌溉,灌水量要充足,以防冬、春干旱。其他期间要根据降雨状况,决定灌水时间和灌水量。

温室内大樱桃的灌水,要根据树体生长发育对水分的需要和土壤含水量进行。重点灌好以下几次水:

①**萌芽水** 即揭帘升温时的灌水。灌好这次水,可增加棚内湿度,促进萌芽整齐。水量要适中,浇透为止,以地面不积水为宜。

②**花前水** 即开花前的灌水。灌好这次水,可满足发芽、

展叶和开花对水分的需求。水量应以"水流一过"为度。

③催果水 即硬核后的灌水。灌好这次水,可满足果实膨大和花芽分化的需要。这一时期灌水应慎重,一般以花后15～20天灌水为宜,水量仍以"水流一过"为度。结果大树的株灌水量以50～60升,结果幼树的株灌水量以30～40升为宜。为防止落果和裂果,还可分两次灌入。

④采前水 采收前10～15天,是大樱桃果实膨大最快的时期。这一时期如果缺水,就会影响果个大小,导致产量降低。但水量过大,则不仅会引起裂果,还会降低果实品质。因此,其灌水量应与催果水相同,且宜分两次灌入。

⑤采后水 果实采收后,为尽快恢复树势,保证花芽分化的顺利进行,应浇灌采后水,水量以浇透为宜。

(2) 灌水方法

①漫灌 是在树盘两侧做埂,使灌溉水在树盘上流过的灌水方法。在萌芽前和采收后灌水时,可以采取这种方法(图4-13)。

②沟灌或坑灌 在树盘上挖深20厘米的环状沟或圆形坑(图4-14),用来进行灌水。

③畦灌 是树盘漫灌的另一种方法。在树行上做埂,将树盘分为两半(图4-15)。每次灌树盘的一侧,交替灌水。沟灌、坑灌和畦灌方法,宜用在开花

图4-13 漫 灌

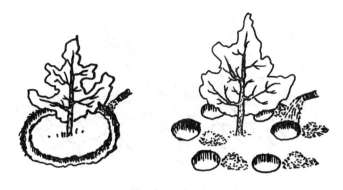

图4-14 沟灌与坑灌

至采收期灌水时采用。

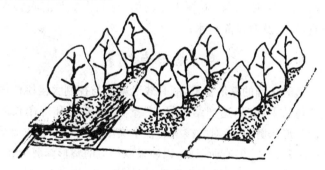

图4-15 畦 灌

④滴灌 滴灌是将灌溉水通过树下穿行的低压塑料管道送到滴头,由滴头形成水滴或细水流,再缓慢地流向树根部(图4-16)的灌水方法。滴灌既可保持土壤均匀湿润,又可防止根部病害蔓延,还是节约用水的好方法。

(3)雨季排水 大樱桃树盘积水时间过长,便会出现涝害。因此,揭膜后进入露地管理期间,防涝是一项不可忽视的工作。建棚时应避开低洼易涝和排水不畅的地段,并搞好排

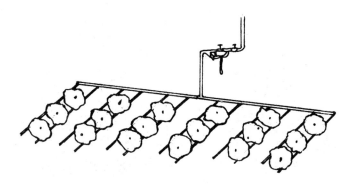

图 4-16　滴　灌

水工程。在雨季来临之前，要及时疏通排水沟，在行间和前底脚挖 40～50 厘米深、30 厘米宽的沟，行间沟要与前底脚水沟相通，以便及时排除积水。

四、整形与修剪

适时正确的整形修剪，能有效地调节与控制大樱桃树体的生长与结果状况，达到结果早、产量高、品质好和寿命长的目的。整形修剪前，应对大樱桃的枝干类型(图 4-17)和树形结构(图 4-18，图 4-19)有所了解，以便采取相应的整形修剪措施。

整形修剪的工具有剪枝剪、剪梢剪和手锯(图 4-20)。

根据整形修剪时间的不同，大樱桃的整形修剪可分为生长季修剪和休眠期修剪。生长季修剪的方法，主要有拉枝、摘心、扭梢、环割和拿枝等；休眠期整形修剪的方法，主要有短截、缓放、疏枝和回缩等，大樱桃树整形修剪的原则是，以生长季整形修剪为主，休眠期整形修剪为辅。

1. 整形修剪的主要方法

(1)拉枝　作用是调整骨干枝的角度和方位，削弱顶端优

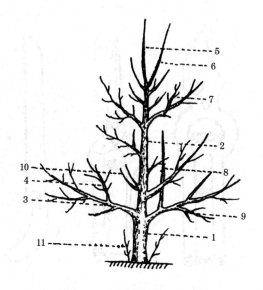

图 4-17　大樱桃树枝干的名称

1. 主干　2. 中心干　3. 主枝　4. 侧枝　5. 延长枝　6. 竞争枝
7. 背上枝　8. 徒长枝　9. 下垂枝　10. 并生枝　11. 根蘖

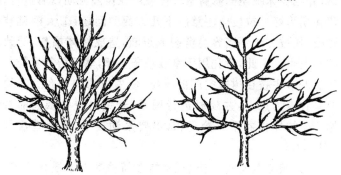

图 4-18　自然开心形　　　　**图 4-19　改良主干形**

势,缓和树势,抑制营养生长,促进生殖生长,使大樱桃提早结

图 4-20　整形修剪工具

1. 剪枝剪　2. 剪梢剪　3. 锯

果,并减少休眠期的修剪量。拉枝应在树液流动以后进行,以萌芽期为好。拉枝应注意以下几方面的问题:①大樱桃枝条脆硬,拉枝方法不当容易劈裂或折断,造成树体损伤,导致流胶病发生。因此,应先用手拿软枝条基部,然后再行牵拉。②注意调节主枝在树冠空间的方位,使主枝均匀分布。③拉绳要系在着力点上,并随时进行调整,避免出现弓腰和前端上翘。④拉绳扣要系成拴马扣,不要紧勒枝干,以免造成绞缢(图 4-21)。

(2) 摘心和剪梢　摘心,是指在新梢尚未木质化之前,去除新梢先端的幼嫩部分。摘心主要用于分枝少的幼旺树的主侧枝,和结果树主侧枝背上的直立新梢。操作方法是:于花后10 天左右,随时将主侧枝背上的直立新梢,保留 5~10 厘米

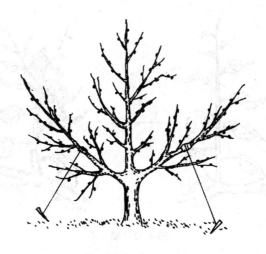

图4-21 拉 枝

或保留5～10片大叶后,予以摘除。摘心后,部分新梢的基部当年可形成短果枝(图4-22)。露地幼树,一般在5月下旬至6月下旬期间进行。将新梢保留20～30厘米长后摘除,以增加枝量。摘心不宜过晚。摘心过晚发出的新梢不充实,易受到冻害或抽条。

剪梢,是指剪去新梢的一部分的修剪措施。剪梢适用于因摘心工作不及时,新梢已木质化不易摘心的大樱桃树,或为扩大树冠时进行。

(3)拿枝 其作用在于削弱旺梢生长势,促进花芽形成,是控制1年生直立枝的方法。在新梢木质化后,用手将直立旺梢从基部逐步将拿到顶端,使伤及木质部而不被折断(图4-23)。如果枝条长势过旺,可进行多次拿枝。

(4)扭梢 扭梢可减少枝条顶端的生长量,有利于花芽的形成。当新梢半木质化时,将它背上直立枝于基部4～5片叶

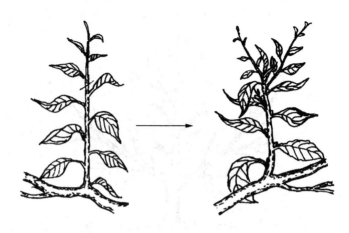

图 4-22 摘 心

图 4-23 拿 枝

处,向下扭曲 180°,伤及其木质部和皮层而又不被折断(图 4-24)。扭梢可在开花 1 个月后,露地在 5 月底至 6 月初进行。要把握好时间,扭梢过早,新梢柔嫩,容易折断;扭梢过晚,新梢已木质化,变得脆硬,不易扭曲,容易造成死枝。

　　(5)除萌(抹芽)　其作用是节省养分,并防止枝条密生郁

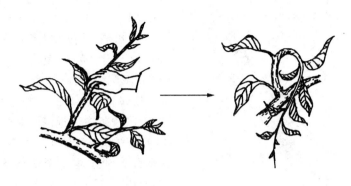

图 4-24　扭　梢

闭。从萌芽至幼果期间进行。具体的操作方法是：将过密无用的萌芽和萌枝随时摘除（图 4-25），将疏枝后产生的过多萌蘖、徒长枝以及有碍于各级骨干枝生长的过密枝，随时除去。

（6）刻芽　其作用是促发枝条。具体方法是，萌芽前后，在芽的上方或下方横刻一刀，深达木质部（图 4-26）。萌芽前在芽的上方刻，可促下位芽萌发；在芽的下方刻，可抑制上位芽生长，促其粗壮。

（7）环割　其作用是促进花芽形成，提高坐果率。操作时，在 2 年生以上枝条基部，将韧皮部割一圈。割时不要除去皮层（图 4-27）。

图 4-25　除萌（抹芽）

（8）短截　这是大樱桃休眠期修剪中，应用最多的一种手法。具体的工作，是剪去 1 年生枝梢的一部分。依其短截程

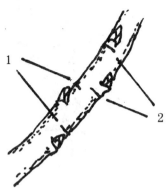

图 4-26 刻 芽

1. 芽上刻 2. 芽下刻

度的不同,短截方法有以下四种:①轻短截,是剪去枝条长度的 1/4~1/3。轻短截有利于削弱顶端优势,提高萌芽率,增加短枝量(图 4-28)。②中短截,是在枝条中部饱满芽处短截,剪去枝条长度的 1/2 左右。中短截有利于维持顶端优势(图 4-29)。③重短截,是剪去枝条长度的 2/3。重短截可促发旺枝,提高营养枝和中长果枝比例(图 4-30)。④极重短

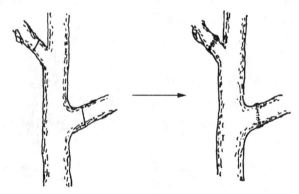

图 4-27 环 割

截,是剪去枝条的 3/4~4/5,留基部 4~5 个芽。这样可培养花束状结果枝组,也可控制过旺树体(图 4-31)。对要疏除的枝条,若基部有腋花芽,可采用极重短截,待结果后再疏除。

(9)缓放 也称甩放。是对 1 年生枝条不修剪,任其自然

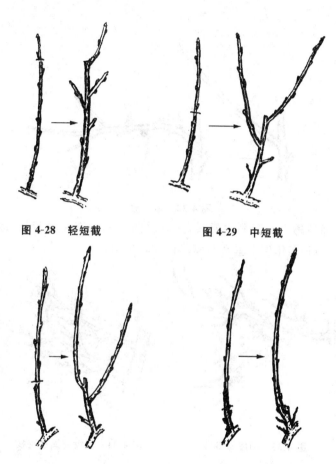

图 4-28 轻短截　　　　　图 4-29 中短截

图 4-30 重短截　　　　图 4-31 极重短截

生长的方法。其作用是缓和树势,调节枝量,增加结果枝和花
芽数量(图 4-32)。缓放是幼树提早形成短果枝、早结果的主
要方法。

(10)回缩 将多年生枝或枝组剪除或剪除一部分,称为
回缩。其作用是恢复树势,调节各种类型的结果枝比例,使树

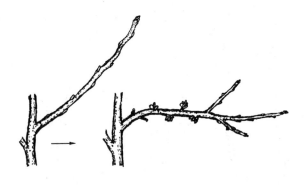

图 4-32　缓　放

体通风透光。回缩主要对背下枝(图 4-33)、交叉过密枝(图 4-34)和多年生下垂衰弱枝(图 4-35)采用。

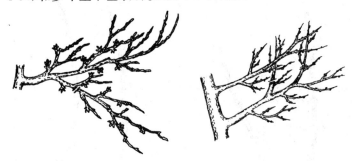

图 4-33　回缩背下枝　　　　图 4-34　回缩交叉过密枝

(11)疏枝　把枝条从基部去除,称为疏枝。其适用对象主要是过密过挤的背上直立徒长枝(图 4-36)、主干或主枝上的竞争枝(图 4-37)与细弱枝等。疏枝可以改善光照条件,减少营养消耗,促进花芽形成。疏枝不宜一次疏除过多,对伤口要及时涂抹保护剂。

图 4-35 回缩下垂枝

2. 主要树形结构与幼树整形方法

适于温室栽培大樱桃采用的主要树形,有自然开心形和改良主干形。

(1)自然开心形

干高 30～40 厘米。全树有主枝 3～5 个,向四周均匀分布形成树冠,

图 4-36 疏除直立徒长枝

无中心领导干。每个主枝上有侧枝 6～7 个,插空排列。主枝在主干上成 30°～45°角倾斜延伸,侧枝在主枝上成 50°角延伸。在各骨干枝上配置结果枝组。树高 1.5～1.8 米。整个树冠呈圆形。

整形方法:定植当年,在距地面 40～50 厘米处定干,培养出 3～5 个分布均匀、长势健壮的主枝,于 6 月中旬主枝长至 30～40 厘米时,摘去 1/2 或 1/3,促发 2～3 个分枝作为侧枝。第二年春季,将主枝拉枝开角至 30°～45°。如果第一年培养

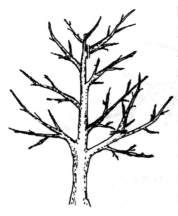

图 4-37　疏除主干和主枝上竞争枝

的主枝少,可对位于中心的主枝进行短截,以促发枝条,培养主枝。对侧枝延长枝留30～40厘米长后短截。短截后能发出2～3个侧枝。对斜生侧枝和背下枝,可根据空间的大小进行缓放。6月中下旬,当新梢长至40～50厘米时,留30～40厘米长后摘心,继续培养主侧枝或结果枝组。第三年主枝、侧枝基本配齐以后,疏除剪口上部的直立枝。对夏季主侧枝背上发出的新梢,有空间的继续摘心,无空间的抹除。

(2)改良主干形　干高30～50厘米,有中心领导干。在中心领导干上,配备10～12个单轴延伸的主枝,下部主枝间的距离为10～15厘米,向上依次加大到15～20厘米。下部枝长,向上逐渐变短。主枝由下而上呈螺旋状分布。主枝基角为80°～85°,接近水平。在主枝上直接着生大量的结果枝组。

整形方法:第一年春季,定干高度为50～60厘米。6月中下旬,在距地面30厘米以上处,选留3～4个生长健壮、分布均匀的分枝作为主枝,并进行拿枝处理。对中心干延长枝,留30～40厘米后摘心,使其促发3～4个分枝,作为第二层主枝。第二年春季,对第一、二层主枝缓放不剪,随时拿枝,使两层主枝角度为80°～85°,近于水平。对中央延长枝,留30～50厘米长后短截,促发3～4个新枝,作为第三层主枝,并随时拿枝呈水平。对主枝萌发的侧生枝及背上枝,待其长至20

厘米时,留 5～10 厘米后摘心,将其培养为结果枝组。一般经过 2～3 年,可基本培养出标准树形。该树形在整形过程中,应注意及时开张角度,使各主枝近于水平生长。

3. 结果树的整形修剪方法

大樱桃结果树的整形修剪,一方面要根据树形的要求,继续选留和培养好各级骨干枝。另一方面,要着手培养结果枝组,达到边长树、边结果的目的。要根据树势的强弱、栽植密度的大小及立地条件,注意平衡树势,使各级骨干枝从属关系分明。当出现主、侧枝不均衡时,要抑强扶弱,做到主从分明,层次清楚。

(1) 结果初期树的修剪 结果初期,是指从开始开花结果,到大量结果之前的这段时期。对于这时高度和树冠未达到理想标准的大樱桃树,要继续适度短截中央领导干和主枝延长枝,以扩大树冠。对于树体高度已达理想标准的,可选顶部的一个主枝落头开心。对于角度偏小的骨干枝,仍需拉枝开角,将其调整到适宜的角度。对于整形期间选留不当而形成过多过密的大枝,以及骨干枝背上的强旺大枝,应及时疏除。对结果枝修剪的原则是,以去直留斜、去强枝留中庸枝为主(图 4-38),达到控制树势,促发花芽的目的。

(2) 盛果期树的修剪 进入盛果期大量结果以后,大樱桃的树势和结果枝组逐渐变弱,结果部位外移。这时,应采取回缩和更新措施,以维持树体长势中庸和结果枝组的连续结果能力。对过长的枝组和过细弱的结果枝条,应回缩进行更新复壮。对主干和主枝上的竞争枝,应及时疏除。

盛果期壮树的理想指标是:①外围新梢长度为 30 厘米左右,枝条粗壮,芽体充实饱满;②大多数花束状果枝或短果枝具有 6～9 片叶,叶片厚,叶面积大,花芽充实;③树体长势

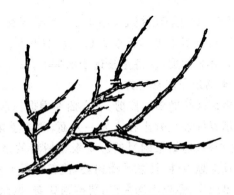

图4-38 去直立、强旺枝

均衡,无局部旺长或衰弱的现象。

(3)衰老期树的修剪 此期主要是更新复壮,培养新的结果枝组。当树势严重衰弱时,应进行骨干枝更新。更新当年,配合生长季摘心,可较快地恢复树冠。还可利用潜伏芽寿命长的特点,分批回缩结果枝组,使内膛或骨干枝基部萌发新枝,用以培养新的结果枝组。更新的第二年,可根据树势强弱,以缓放为主,适当短截新选留的骨干枝。

另外,进行骨干枝更新时,留橛不宜过高或伤口过大,更不能形成对口伤和劈裂枝干(图4-39)。更新时间以萌芽前进行为好。休眠期更新,抽枝力和萌芽率低,伤口不易愈合,常引起流胶病的发生。

五、花果管理

花果管理,关系到果品的产量和质量。大樱桃的花果管理,主要包括疏花疏果、辅助授粉、促进坐果和果实着色,以及防止裂果等几个方面。

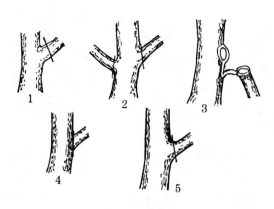

图 4-39　主枝更新锯口

1. 留橛高　2. 对口伤　3. 劈裂　4. 伤口大　5. 适宜锯口

1. 疏花疏果

疏花疏果，可以使树体合理负载，减少养分消耗，有利于果实发育和提高果实品质。疏花疏果，包括疏除花芽、花蕾、花朵和果实。

花芽膨大期，应疏除短果枝和花束状果枝基部的瘦小花芽，使每个花束状果枝上保留 3～4 个饱满肥大的花芽（图 4-40）。现蕾期，应疏除花序中的瘦小花蕾（图 4-41）。开花期，应疏去柱头短和双柱头的畸形花（图 4-42），每个花序上以保留 2～3 朵花为宜。盛花后 2～3 周，即生理落果后进行疏果，主要疏除畸形果和虫果。

2. 辅助授粉

大樱桃在温室栽培的条件下，无风、无昆虫传粉。因此，在花期必须采取人工和蜜蜂等辅助授粉的措施，来提高坐果率。

（1）人工辅助授粉　自初花期开始，每 1～2 天进行一次，以上午 9～10 时和下午 2～3 时授粉为宜。人工辅助授粉的

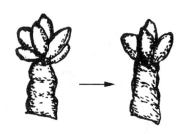

图 4-40　疏花芽

图 4-41　疏花蕾

方法有两种:一是用鸡毛掸子在不同品种花朵之间轻轻掸花(图4-43)。二是人工采集花粉,用授粉器点授(图4-44)。授粉器的制作方法是:在瓶盖上插一根粗铁丝,在瓶盖里铁

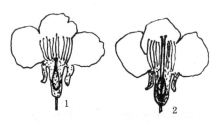

图 4-42　畸形花

1. 柱头短　2. 双柱头

图 4-43　用鸡毛掸授粉

丝的顶端套上2厘米长的气门芯,并将其端部翻卷即成。

图4-44 人工点授
1.授粉器 2.花粉瓶 3.点授

人工授粉的花粉来源,是采集含苞待放的花朵,人工制备。具体做法是:将花药取下,薄薄地摊在光滑的纸上,置于无风、干燥、温度在20℃～22℃的室内阴干(图4-45)。经一昼夜,花药散出花粉后即可授粉。采集花粉时,如果是在自己棚里采,则应随时采集,随时使用;如果是在露地园采集,则采后要阴干,并将花粉装入有盖的小玻璃瓶中,放于干燥器皿中密封,贮藏在 －20℃～－30℃ 的低温条件下。授粉时,从冷冻箱中取出花粉,在室温条件下放置4小时以上,即可用以授粉。

(2)放蜂授粉

在初花时放蜜蜂授粉(图4-46),或放熊蜂与壁蜂授粉。熊蜂和壁蜂是人工饲养的一种野生蜂,其活动温度低。用蜜蜂授粉时,

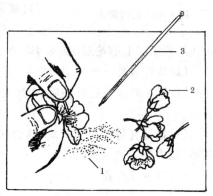

图4-45 人工采集花粉
1.花药 2.花朵 3.温度计

放蜂量为每 667 平方米一箱。用熊蜂或壁蜂授粉时,每 667 平方米放蜂量分别为 2～3 箱或 500 头左右。

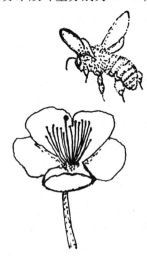

图 4-46　蜜蜂授粉

放蜂期间,要避免喷施各种杀虫剂,以保证授粉蜂能安全活动。

3. 提高坐果率的辅助措施

盛花期喷布一次 0.2％～0.3％硼砂液,或在初花期喷布一次 40～50ppm 的赤霉素液(1 克纯品加水 20～25 升)。硼能促进大樱桃花粉发芽和花粉管的伸长,提高坐果率。赤霉素能增强植物细胞的新陈代谢,加速生殖器官的生长发育,防止果柄产生离层,减少花果脱落。

4. 促进果实着色的辅助措施

(1)除花瓣　于落花期,从上至下地轻晃结果枝,使花瓣落地。粘在叶片和果实上的花瓣,要及时除掉(图 4-47)。

(2)转叶摘叶　于果实着色期,将遮光大叶轻轻转向果实背面,将最小叶片或托叶摘除,以增加果实见光量,促进果实着色。

(3)除萌剪梢　在幼果期,随时抹除多余萌蘖,剪除无用新梢,以改善通风透光条件。

(4)铺设反光膜　于果实着色期,在树冠下和后墙铺设银色反光膜,利用反射光,增加树冠下部和内膛果实的光照强度,促进果实着色。

(5)清洁棚膜　于果实着色期要经常清洁棚膜上的灰尘和杂物,增加棚膜的透光率。有利于增加光照,促进果实着色。另外,适当早揭帘、晚放帘,延长光照时间,也是促进果实着色的措施。

5. 防止和减轻裂果的措施

温室栽培虽然避免了因降雨而导致的裂果,但不适当的灌水、过多施用氮肥及室

图 4-47 除花瓣

内湿度过大,仍会引起大樱桃的裂果。为防止和减少裂果可采取如下措施:

(1) 保持土壤水分状况稳定 果实发育期的灌水要掌握少灌勤灌的原则,不要等到干透再灌。

(2) 降低棚内空气湿度 果实发育期,叶面积增大,树体蒸腾水分增多,使棚内空气湿度增大,应注意通风排湿和注意选择灌水时间及方式,注意当地天气预报,选择连续晴 2～3 天之前的早晨灌水。采取坑灌或沟灌,灌后覆土。还可在棚内多点放置生石灰(图 4-48)等方法降低湿度。

(3) 喷药剂防裂果 果实膨大期喷施 300 倍液氯化钙等含钙肥料。

(4) 多施有机肥 可提高果实含糖量而

图 4-48 置生石灰降低湿度

减轻裂果。

6. 促进花芽分化的措施

在正常的肥水管理中,花后要增施叶面肥。从落花后10～15天开始,至采果后一个月左右,每隔7～10天喷一次,能有效促进花芽分化。

六、放风锻炼与撤膜

大樱桃果实采收后,外界气温与棚内气温还有一定差距,加之此时大樱桃树体还处在花芽分化阶段,需要较高的温度调控。若在采收后立即撤膜,树体不能适应外界环境条件,就会影响花芽分化,也易造成树体和叶片的伤害,导致采后开花。因此,在外界温度不低于10℃时,将正脊固膜物松开,两侧山墙的固膜物不动,使棚膜逐渐下滑,或同时将底脚棚膜往上揭。每2～3天揭开50厘米宽,当外界温度不低于15℃时,选择多云无风天时撤除棚膜。此间放风锻炼的时间不可少于15天。

第五章　病虫害防治

安全有效而又及时地防治病虫害,是包括大樱桃在内的果树丰优产质的重要保证。病虫害防治的原则是,坚持以植物检疫、农业防治、生物防治和物理防治为主,化学防治为辅的综合防治方法,要求做到早发现,早防治,选用高效低毒农药,用量恰如其分,喷药细致、均匀和周到,枝干、叶面和叶背普遍着药(图 5-1),避免出现空白和死角。

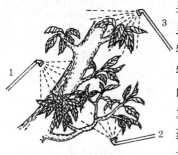

图 5-1　喷药方法

1. 喷树干　2. 喷叶背　3. 喷叶面

喷药器械不宜过大,不宜使用喷枪。喷雾雾点要细。常用药械有手持喷雾器(图 5-2)、背负式喷雾器(图 5-3)、踏板式喷雾器(图 5-4)和动力喷雾器(图 5-5)。

一、综合防治方法

1. 植物检疫

植物检疫是指在调运种子、接穗和苗木时,必须

图 5-2　手持喷雾器

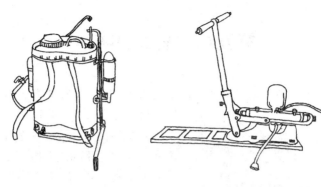

图 5-3　背负式喷雾器　　　　　图 5-4　踏板式喷雾器

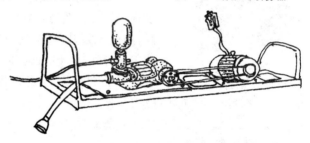

图 5-5　动力喷雾器

遵守植物检疫的各项规定,禁止携带美国白蛾和棉蚜等病虫入境。认真搞好植物检疫工作,是防止检疫性病虫害传入非疫区的重要有效措施。

2. 农业防治

农业防治,是创造有利于果树生长发育的环境条件,使其生长健壮,提高抵御病虫害的能力;创造不利于病虫害发生和蔓延的条件,减轻或限制病虫危害。具体措施有:正确选择园址、土壤、品种和砧木,合理施肥和灌水,科学整形修剪,按时清理杂草和枯枝落叶,合理负载,适时采收等。

3. 生物防治

生物防治,是利用生物来防治病虫害,不污染环境,对人、畜、果品安全,还能保持农业生态平衡。具体措施有:以虫治虫,如以草青蛉、瓢虫和赤眼蜂等,防治蚜虫、蜘蛛和卷叶虫等;以菌治虫,如以苏云金杆菌和青虫菌等防治毛虫、食心虫和金龟子等;以菌治病,如链霉素、春雷菌素等防治穿孔病和溃疡病等;以昆虫激素防治害虫,如性外激素或性诱激素等(图5-6),使害虫发育畸形死亡或诱杀;以动物治虫,如以蜘蛛、食虫鸟、蟾蜍和青蛙等捕捉各种害虫。

图5-6 性诱激素诱杀

1. 诱芯 2. 水+洗衣粉
3. 大碗

4. 物理防治

物理防治,包括捕杀、诱杀和热处理等。捕杀,是利用人工捕杀和机械捕杀,如利用金龟子、象甲等害虫的假死性,进行人工捕捉。诱杀,是利用灯光(图5-7),诱杀各种金龟子和蛾类害虫;利用插树枝或束草(图5-8),诱杀各种蛾类害虫;利用色板(图5-9),诱杀蚜虫,以及利用食饵(图5-10)诱杀蛾类害虫。热处理,是利用一定的热源,如日光、温水、原子能和紫外线等,杀死病菌

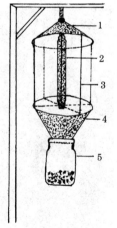

图5-7 灯光诱杀

1. 灯罩 2. 灯管
3. 挡虫玻璃
4. 集虫漏斗 5. 毒瓶

图 5-8　束草诱杀

和害虫。此外,地面覆塑料膜,也是阻止害虫出土为害和病菌扩散的有效防治方法。

5. 化学防治

这是用化学药剂防治病虫害。药剂防治见效快,但应注意选择生物、矿物药剂,其次要选择高效低毒、低残留的无公害化学药剂。农药的种类,分杀虫剂、杀螨剂、杀菌剂和杀线虫剂。选择和使用农药时,要做到对病虫害诊断、识别准确,详细阅读药品说明书,做到药量准确,适时用药。

温室大樱桃的病虫害防治,必须在萌

图 5-9　诱杀蚜虫的色板

图 5-10　食饵诱杀
1. 糖醋液　2. 大碗

芽前喷一次 70% 索利巴尔可溶性粉剂 80 倍液,或 45% 晶体石硫合剂 30 倍液,或 5 波美度石硫合剂。

二、病害及其防治

1.细菌性穿孔病

【危害症状】 该病主要危害叶片、新梢和果实。叶片受害后,初时出现半透明水渍状淡褐色小点,后扩大成圆形、多角形或不规则形病斑。病斑紫褐色或黑褐色,周围有一淡黄色晕圈。湿度大时,病斑后面常溢出黄白色黏质状菌脓,病斑脱落后形成穿孔(图5-11)。

图5-11 细菌性穿孔病症状

【传播途径】 病菌在落叶或枝梢上越冬。病原细菌借风雨及昆虫传播。棚内湿度大、滴水严重、温度高和春、夏雨季或多雾时发病重。树势弱或偏施氮肥时发病重。

【防治方法】 改善通风透光条件,增强树势。扣棚前彻底清除枯枝和落叶,剪除病枝,予以集中烧毁。花后喷1~2次72%农用链霉素可湿性粉剂3 000倍液,或90%新植霉素3 000倍液,生长后期喷1:1:100硫酸锌石灰液。

2.褐斑病

【危害症状】 该病主要危害叶片。发病初期形成针头大的紫色小斑点，以后扩大，有的相互接合形成圆形褐色病斑，上生黑色小粒点。最后病斑干燥收缩，周缘产生离层。常由此脱落成褐色穿孔，边缘不明显，多提早落叶（图5-12）。

图5-12 褐斑病症状

【传播途径】 病菌在被害叶片上越冬。第二年温湿度适宜时，产生子囊和子囊孢子，借风雨或水滴传播侵染叶片。此病在揭膜前后或7～8月份发病最重，可造成早期落叶，致使樱桃在8～9月间形成开花现象。树势弱、雨量多而频、地势低洼和排水不良时发病重。

【防治方法】 农业防治可参照樱桃细菌性穿孔病。谢花后至采果前，喷1～2次70%代森锰锌可湿性粉剂800倍液，或50%多菌灵可湿性粉剂800倍液；采果后，喷2～3次1：2：200～240石灰倍量式波尔多液。

3. 流胶病

【危害症状】 病原目前尚不清楚，多数人认为是生理病害。患病树自春季开始，在枝干伤口处以及枝杈夹皮死组织处溢泌树胶。流胶后病部稍肿，皮层及木质部变褐腐朽，导致树势衰弱，严重时枝干枯死（图5-13）。

【发病规律】 树势过旺或偏弱,伤口多,土壤通气不良,发生涝害或冻害,乙烯利使用浓度过高等情况下发病重。

【防治方法】 选择透气性好、土质肥沃的砂壤土或壤土栽植大樱桃。避免涝害、冻伤和日灼。增施有机肥料,提高树体抗性。以生长季整形修剪为主,避免机械损伤。对已发病的枝干,要及时彻底刮治,并用生石灰10份、石

图 5-13 流胶病症状

硫合剂1份、植物油0.3份加水调制成保护剂,涂抹伤口。

4. 根瘤病

【危害症状】 又称根癌病。主要发生在根颈、主侧根上及嫁接口处。发病初期,病部形成灰白色瘤状物,表面粗糙,内部组织柔软,白色。病瘤增大后,表皮枯死,变为褐色至暗褐色,内部组织坚硬木质化,病树长势衰弱(图 5-14)。

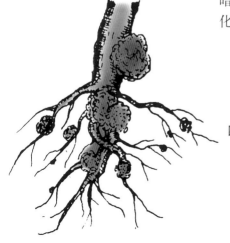

图 5-14 根瘤病症状

【传播途径】 病原细菌在病组织中越冬，通过各种伤口侵入寄主体内。传播媒介有水和昆虫。土壤湿度大、通气性不良时，有利于发病。中性和微碱性土壤、微酸性土壤发病轻，重茬地和菜园地发病重。

【防治方法】 选用抗病力较强的砧木。选用无病瘤苗木。栽植苗木前用根癌宁（K84）30倍液浸根5分钟。

5.煤污病

【危害症状】 这是覆盖期间易发生的病害。主要危害叶片，叶面初时出现污褐色圆形或不规则形的霉点，后形成煤灰状物，影响光合作用(图5-15)。

图5-15 煤污病症状

【传播途径】 以菌丝和分生孢子在病叶上或在土壤内及植物残体上越冬，借风雨、水滴、蚜虫和介壳虫等传播蔓延。树冠郁闭，通风透光条件差，湿度大，易发病。

【防治方法】 改善通风透光条件，防止棚内空气湿度过大。及时防治各种害虫。发病后，喷布40%多菌灵可湿性粉剂600倍液，或50%多霉灵可湿性粉剂1500倍液进行防治。

6. 褐腐病

【危害症状】 又称灰星病,是引起果实腐烂的重要病害。主要危害花和果实。花朵发病后花瓣变成褐色干枯,幼果发病时,果面发生黑褐色斑点,后扩大为茶褐色病斑,不软腐。成熟果发病时,果面初现褐色小斑点,后迅速蔓延引起整果软腐,树上病果成为僵果悬挂树上(图5-16)。

图5-16 褐腐病症状

【传播途径】 病菌在落地病果及树上僵果上越冬。翌年春季随风雨、水滴或作业等途径传播。地表湿润、灌水后遇到连续阴雪天、大雾天,易引起果实病害流行。栽植密度大及修剪不当,透光通风条件差,发病多。

【防治方法】 及时收集病叶和病果,集中烧毁或深埋。改善通风透光条件,避免湿气滞留。开花前或落花后,喷77%可杀得可湿性微粒粉剂500倍液,或50%速克灵可湿性粉剂2000倍液进行防治。

7. 灰霉病

【危害症状】 主要危害幼果、叶片及成熟果实。初侵染时,病部水渍状,果实变褐色,后在病部表面密生灰色霉层,

果实软腐，最后病果
干缩脱落(图 5-17)。

图 5-17　灰霉病症状

【传播途径】　病菌以菌核及分生孢子在病果上越冬。樱桃展叶后，病菌随水滴、雾滴和风雨传播侵染。

【防治方法】　及时清除树上和地面的病果，集中深埋或烧毁。落花后及时喷布 70% 代森锰锌 600 倍液，或 50% 速克灵可湿性粉剂 2 000 倍液，防治该病。

8. 叶 斑 病

【危害症状】　主要危害叶片。被侵染的叶片产生色泽不同的死斑，扩大后成褐色或紫色，中部先枯死，逐渐向外枯死，斑点形状不规则。数个斑点联合后可使叶片大部分枯死。病斑出现后，叶片变黄，甚至脱落(图 5-18)。

图 5-18　叶斑病症状

【传播途径】 在落叶上越冬的病菌，春暖后形成子囊及子囊孢子，樱桃开花时，孢子成熟，随风雨传播，侵入后经1~2周的潜伏期，即表现出症状，并产生分生孢子，借风雨重复侵染。该病揭膜后发病较重。

【防治方法】 参照褐斑病的防治方法，进行叶斑病的防治。

9. 皱叶病

【危害症状】 皱叶病，属类病毒病害，有遗传性。感病植株叶片形状不规则，过度伸长、变狭，皱缩，常常有淡绿与绿色相间的不均衡颜色，无光泽。皱缩的叶片，有时整个树冠都有，有时只在个别枝上出现。感病树花畸形，坐果率低(图5-19)。

图5-19 皱叶病症状

【防治方法】 对于病毒病和类菌原体病害的防治，目前尚无有效的方法和药剂。根据此类病害的侵染发病特点，在防治上应抓好以下几个环节：一是隔离病原和中间寄主。一旦发现，实行严格隔离。若幼树发病，及时予以铲除。二是绝对避免用染毒的砧木和接穗来嫁接繁育苗木。修剪、嫁接工具要消毒,以防止传播病毒。三是不要用带病毒树上的花粉授粉。四是防治好传毒昆虫如叶螨、叶蝉等。总之,防治的关键是消灭毒源,切断传播途径。

10. 立 枯 病

【危害症状】 该病又称烂颈病或猝倒病,属苗期病害。主要危害砧木幼苗。幼苗染病后,初期在茎基部产生椭圆形暗褐色病斑。病苗白天萎蔫,夜间恢复。后期病部凹陷腐烂,绕茎一周,幼苗即倒伏死亡(图5-20)。

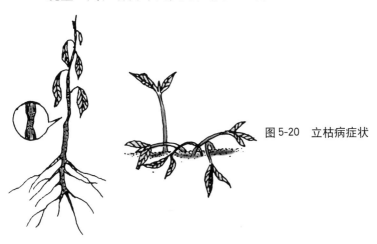

图5-20 立枯病症状

【传播途径】 病菌在土壤和病组织中越冬。从种子发芽到4片真叶期间,均可感病,但以子叶期感病较重。遇阴雨天气,病菌迅速蔓延。蔬菜地和重茬地易发病。

【防治方法】 育苗土壤应避免重茬;幼苗发病前期,用70%恶霉灵可湿性粉剂1 000倍液,或70%甲基托布津可湿性粉剂800倍液,喷施防治。

三、害虫及其防治

1. 叶 螨

叶螨主要有二斑叶螨(白蜘蛛)和山楂叶螨(红蜘蛛)。均以成螨和若螨刺吸嫩芽和叶片的汁液,使被害处出现失绿斑点,严重时叶片灰黄脱落。

【形态特征】 二斑叶螨雌成螨为椭圆形,长约 0.5 毫米,灰白色,体背两侧各有一个褐色斑块。雄成螨呈菱形,长约 0.3 毫米。卵,圆球形,初期为白色,后期变为淡黄色(图5-21)。山楂叶螨冬型雌成螨体长 0.4 毫米,朱红色有光泽。夏型雌成螨体长 0.7 毫米,暗红色。雄成螨体长 0.4 毫米,初期红色,后期橙黄色(图5-22)。

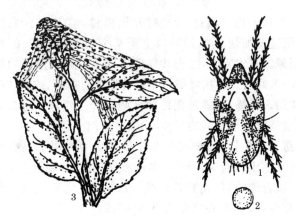

图 5-21 二斑叶螨

1. 成螨 2. 卵 3. 叶片被害状

【发生规律】 该虫 1 年发生 8～10 代,世代重叠现象明显。以雌成螨在土缝、枯枝、翘皮、落叶中或杂草宿根、叶腋间

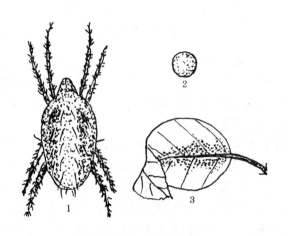

图 5-22 山楂叶螨

1. 成螨 2. 卵 3. 叶片被害状

越冬。当日平均气温达 10℃时开始出蛰，温度达 20℃以上时，繁殖速度加快。在 27℃以上干旱少雨的条件下，发生及危害猖獗。在温室内，二斑叶螨危害期是在采果前后和揭膜后的 6～8 月份。山楂叶螨最早危害期在萌芽后，成螨产卵于叶片背面。幼螨、若螨孵化后即可刺吸叶片汁液。虫口密度大时，成螨有吐丝结网的习性，成螨在丝网上爬行。

【防治方法】　清除枯枝落叶和杂草，集中烧毁，结合秋、春季树盘松土和灌溉，消灭越冬雌虫，压低越冬基数。萌芽前没喷石硫合剂的，可在开花前喷一次 0.5％海正灭虫灵乳剂3 000 倍液，撤膜后在害螨发生期可喷施 1.8％齐螨素乳油4 000倍液，或 20％哒螨灵乳油 2 000 倍液防治。发生严重时，可连续防治 2～3 次。

2. 桑白蚧

该虫又称桑盾蚧或树虱子。以雌成虫和若虫群集固定在枝条和树干上吸食汁液为害，枝条和树干被害后，树势衰弱，严重时枝条干枯死亡,一旦发生而又不采取有效措施防治,则会在 3～5 年内造成全园被毁(图 5-23)。

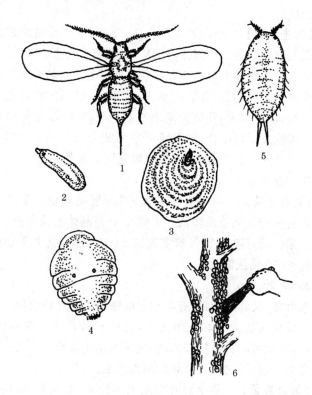

图 5-23 桑白蚧

1. 雄成虫　2. 雄介壳　3. 雌介壳

4. 雌虫腹面　5. 若虫　6. 枝干被害状及刷治

【形态特征】 　雌成虫介壳灰白色,扁圆形,直径约 2 毫米,背隆起,壳点黄褐色,位于介壳中央偏侧,壳下虫体橘黄色。雄成虫介壳细长约 1 毫米,灰白色,壳点在前端,羽化后虫体枯黄色,有翅可飞。卵,椭圆形,橘红色。若虫扁卵圆形,浅黄褐色,能爬行,2龄若虫开始分泌介壳。雄虫蜕皮时其壳似白粉层。

【发生规律】 桑白蚧1年发生2～3代,以受精雌成虫在枝条上越冬。第二年树体萌动后,开始吸食为害,并产卵于介壳下。每头雌成虫可产卵百余粒。初孵若虫在雌介壳下停留数小时后逐渐爬出,分散活动1～2天后,即固定在枝条上为害。经过5～7天,开始分泌出绵状白色蜡粉,覆盖整个体表。随即蜕皮继续吸食,并分泌蜡质形成介壳。温室内第一代卵3月下旬开始孵化,第二代卵孵化期在6月上旬,第三代卵孵化期在7月中旬。

【防治方法】 剪除有虫枝条,或用硬毛刷刷除越冬成虫。在若虫孵化期喷药防治。可喷布45%晶体石硫合剂120倍液。采收后可喷布28%蚧宝乳油1 000倍液,或40%速蚧杀乳油1 000倍液防治。

3. 卷叶蛾

卷叶蛾,又称卷叶虫,有苹小卷叶蛾和褐卷叶蛾两种。均以幼虫吐丝缀连嫩叶和花蕾为害,使叶片和花蕾成缺刻状。幼果期,幼虫可啃食果皮和果肉,使果面呈小坑洼状。幼虫稍大后危害果面,使之出现片状凹陷大伤疤。

【形态特征】 苹小卷叶蛾成虫体长6～8毫米,棕黄色或黄褐色。卵,椭圆形,淡黄色,半透明。幼虫体长13～18毫米,淡黄绿色(图5-24)。褐卷叶蛾成虫体长11毫米,身体及前翅褐色,后翅灰褐色。幼虫体长18～22毫米,绿色(图5-25)。

【发生规律】 该虫1年发生3代。以小幼虫在翘皮缝和剪锯口等缝隙中,结白色虫茧越冬。花芽开绽时,幼虫开始

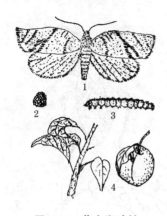

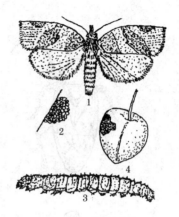

图 5-24　苹小卷叶蛾

1. 成虫　2. 卵块

3. 幼虫　4. 叶果被害状

图 5-25　褐卷叶蛾

1. 成虫　2. 卵块

3. 幼虫　4. 果实被害状

出蛰危害嫩芽、嫩叶及花蕾。展叶后缀连叶片为害,并在两叶重叠处或卷叶中化蛹。卵产于叶片背面。初孵化幼虫,数头至十余头在叶背中脉附近啃食叶肉。发育至 3 龄后,部分幼虫爬至果叶相近处或梗洼中啃食果肉及果皮。9 月中下旬,幼虫陆续做茧越冬。幼虫受触动后立即吐丝下垂。

【防治方法】　发芽前,彻底刮掉树上翘皮并及时烧毁,用拟除虫菊酯类药剂 1 000 倍液涂抹剪口、锯口及翘皮处,杀死茧中越冬幼虫。在花序分离期,喷 20%除虫脲悬浮剂 1 500 倍液,或 20%杀灭菊酯乳油 4 000 倍液,进行防治。

4. 绿盲蝽

又称绿椿象。以成虫和若虫刺吸嫩梢、嫩叶和幼果的汁液。被害处初时出现褐色小斑点,随着叶片的生长,褐色斑点处破裂,轻则穿孔,重则呈破碎状。幼果被害后,形成小黑点。随着果实的增大,果面出现不规则的锈斑,严重时呈畸形生长(图 5-26)。

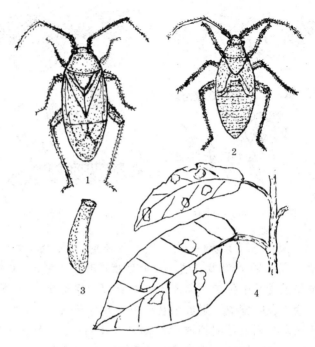

图 5-26 绿盲蝽

1. 成虫 2. 若虫 3. 卵 4. 叶片被害状

【形态特征】 成虫体长 5 毫米,绿色,头呈三角形,黄褐色。卵,口袋状,黄绿色。若虫体形与成虫相似,绿色,3 龄若虫出现翅芽。

【发生规律】 该虫 1 年发生 3～5 代,以卵在剪锯口、断枝和茎髓部越冬。露地早春 4 月上旬,越冬卵开始孵化,5 月上旬开始出现成虫,温室内一般在展叶后开始发生危害。成虫活动敏捷,受惊后迅速躲避,不易被发现。绿盲蝽有趋嫩趋湿习性,无嫩梢、叶时则转移至杂草及蔬菜上为害。

【防治方法】 清除温室内及周围杂草,降低棚内湿度。

发现新梢嫩叶有褐色斑点时,可喷布 10％吡虫啉可湿性粉剂 3 000 倍液,或 2.5％扑虱蚜可湿性粉剂 2 000 倍液,防治绿盲 蝽。

5. 黄尾毒蛾

黄尾毒蛾,又称金毛虫或盗毒蛾。以幼虫危害新芽和嫩叶,使被食叶成缺刻或只剩叶脉(图 5-27)。

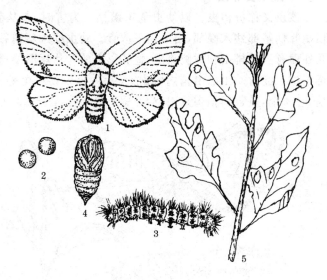

图 5-27　黄尾毒蛾
1. 雌成虫　2. 卵　3. 幼虫　4. 蛹　5. 叶片被害状

【**形态特征**】　成虫体长 13～15 毫米,白色。卵,扁圆 形,中央稍凹,灰黄色,数十粒排成卵块,表面覆盖有雌虫腹末 脱落的黄毛。幼虫体长 30～40 毫米,黑色。

【**发生规律**】　该虫 1 年发生 2～3 代。以 3、4 龄幼虫结 灰白色茧,在树皮裂缝或枯叶间越冬。树体发芽时,越冬幼虫 出蛰为害。卵产于枝干或叶背。幼虫孵出后群集为害,稍大后分散。8～9 月份出现新一代成虫,产卵孵化的幼虫为害一段时间后,在树干隐蔽处越冬。

【防治方法】 刮除老翘皮,防治越冬幼虫。在幼虫危害期进行人工捕杀。发生数量多时,可喷布 20％氰戊菊酯乳油2 000 倍液防治。

6. 梨小食心虫

该虫又称折梢虫。以幼虫危害嫩梢。为害时,多从新梢顶端叶柄基部蛀入髓部,由上向下取食。幼虫蛀入新梢后,蛀孔外面有虫粪排出和树胶流出,蛀孔以上的叶片逐渐萎蔫,以至干枯。此时幼虫已由梢内脱出或转移,每个幼虫可蛀害新梢 3～4 个,被害新梢多数中空,并留下脱出孔(图 5-28)。

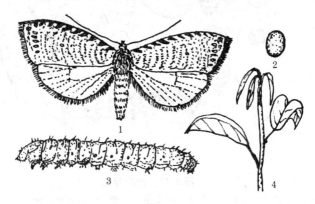

图 5-28　梨小食心虫
1. 成虫　2. 卵　3. 幼虫　4. 叶片被害状

【形态特征】 成虫体长 4～6 毫米,灰褐色。卵,卵圆形至椭圆形。幼虫体长 10～13 毫米,淡红色,头部黄褐色。

【发生规律】 该虫 1 年发生 3～4 代,以老熟幼虫在树皮缝内和其他隐蔽场所做茧越冬。早春 4 月中旬,越冬幼虫开始化蛹。危害严重的是 7～9 月间的第二、三代幼虫,尤其是苗圃发生危害较重。

【防治方法】 在被害新梢顶端叶片萎蔫时,及时摘掉有虫新梢,带出园外深埋。用糖醋液诱杀成虫。在各代成虫发生期,取红糖 1 份,醋 2 份,水 10～15 份,混合均匀后,盛入直径为 15 厘米左右的大碗内,用细铁丝将盛有糖醋液的碗悬挂在树上或支架上,诱使成虫投入碗中淹死。每日要及时除去碗内死亡成虫。每 667 平方米挂糖醋液碗 5～10 个。当诱蛾量达到高峰时,3～5 天后即是喷药防治适期。可选用 30% 桃小灵乳油 2 000 倍液,或 25% 灭幼脲 3 号悬浮液 1 000 倍液,喷施防治。

7. 潜叶蛾

潜叶蛾以幼虫潜入叶片内取食叶肉,使叶片留下宽约 1 毫米的条状弯曲的虫道,粪便排在虫道的后边。一片叶可有数头幼虫,但虫道不交叉,严重时叶片破碎,干枯脱落(图 5-29)。

【形态特征】 成虫体长 3～4 毫米,银白色。卵,球形乳白色。幼虫体长 4.8～6 毫米,淡绿色。茧近菱形,为白色。茧外罩"工"字形丝帐悬挂于叶背,可透视幼虫或蛹的体色。

【发生规律】 该虫 1 年发生 5～7 代,以蛹在被害叶片上的结茧内越冬。展叶后开始羽化,卵散产于叶表皮内。幼虫孵化后,即蛀入叶肉为害。幼虫老熟后,咬破表皮爬出,吐丝下垂,在下部叶片背面做茧,幼虫在茧内化蛹。潜叶蛾在罩棚期间很少发生。揭膜后,在 8 月份至 9 月下旬发生较重。大发生时,秋梢上的叶片几乎全部被害,使叶片破裂脱落。

【防治方法】 清除枯枝落叶,带出园外集中烧毁,消灭越冬虫源。在发生初期喷药防治,可喷布 30% 蛾螨灵可湿性粉剂 1 500 倍液等药剂。

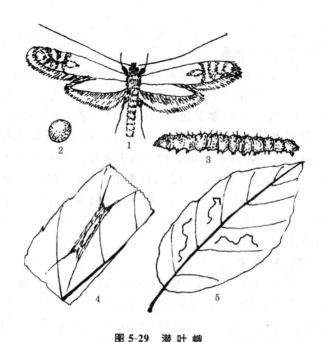

图 5-29　潜 叶 蛾

1. 成虫　2. 卵　3. 幼虫　4. 茧　5. 叶片被害状

8. 黑星麦蛾

黑星麦蛾以幼虫取食叶肉,残留表皮,被害叶片数日后干枯变黄(图 5-30)。

【形态特征】　成虫体长 5～6 毫米,灰褐色。卵,椭圆形,淡黄色。幼虫体长约 11 毫米,较细长,头部、臀板及臀足褐色,前胸盾黑褐色。胴部黄白色。

【发生规律】　该虫 1 年发生 3 代。以蛹在杂草和地被物等处结茧越冬。樱桃展叶后陆续羽化,卵多产于叶柄基部,为单产或几粒成堆。低龄幼虫在枝梢嫩叶上取食。叶片伸展后,幼虫则吐丝缀叶做巢,常数头或十余头群集为害。幼虫受

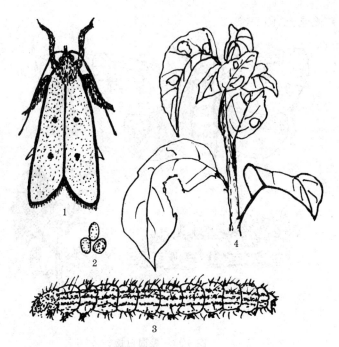

图 5-30　黑星麦蛾

1. 成虫　2. 卵　3. 幼虫　4. 叶片被害状

惊动后,即吐丝下垂。老熟幼虫下树,寻找杂草等处结茧化蛹,进入越冬状态。

【防治方法】　清除落叶、杂草等地被物,消灭越冬蛹。在生长季节,捏死卷叶中的幼虫。在幼虫危害初期,喷洒20%丰收宝可湿性粉剂 1 500 倍液,或 20%除虫脲悬浮剂 2 000 倍液,进行防治。

9. 美国白蛾

该虫又名秋幕毛虫。以幼虫群集结网为害,1～4 龄幼虫营网巢群集啃食叶肉,被害叶呈网状,5 龄后分散为害,树叶常被吃光(图 5-31)。

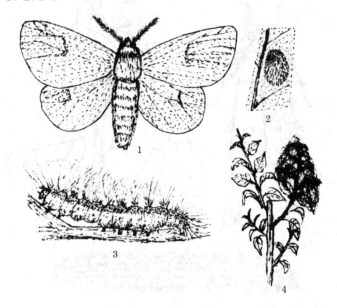

图 5-31 美国白蛾

1. 成虫 2. 卵块 3. 幼虫 4. 叶片被害状

【**形态特征**】 成虫体长 12 毫米,白色,腹面黑或褐色。卵,近球形,浅绿或淡黄绿色,300～500 粒成一块。幼虫体长25～30 毫米,头部黑色,体细长具毛簇瘤。

【**发生规律**】 该虫 1 年发生 2 代,以茧蛹于树下各种缝隙、枯枝落叶中越冬。一代幼虫发生于 5 月下旬至 7 月,第二代幼虫发生在 8～9 月份。成虫借风力传播,幼虫和蛹可随苗木、果品、林木及包装物等运输器材扩散传播。

【**防治方法**】 加强植物检疫工作。早春清扫果园,进行翻地、除草和刮皮等活动,消灭越冬茧蛹。及时摘收卵块,剪除烧毁虫巢卵幕。在幼虫发生期,喷洒 2.5％溴氰菊酯乳油

2 500 倍液,或 20％除虫脲悬浮剂 1 000 倍液防治。

10. 尺 蠖

尺蠖又称造桥虫。主要有枣尺蠖(图 5-32)和梨尺蠖(图 5-33),均以幼虫危害嫩枝、芽和叶,使被害叶呈缺刻状。

【发生规律】 该虫 1 年发生 1 代,以蛹在树下土中越冬。翌年 4 月上中旬为羽化盛期。雌蛾在傍晚顺着树干爬到树上,等待雄蛾交尾。卵多产在树冠枝杈、粗皮裂缝处。幼虫的危害盛期为 4 月下旬至 5 月上旬。

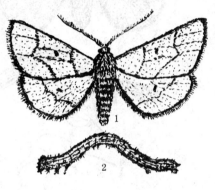

图 5-32 枣尺蠖
1. 雄成虫 2. 幼虫

【防治方法】 人工捕捉幼虫,或在成虫羽化前,在树干基部绑塑料薄膜,阻止雌蛾上树。也可根据该虫的产卵习性,在塑料膜带下或在树裙下捆草绳 2 圈,或束草把,诱集雌蛾产卵。每半月更换一次草绳,将换下的草绳集中烧毁,共换 3 次。更换时,刮除树皮缝中的卵块。在幼虫 3 龄前,对树上喷布 25％灭幼脲 3 号悬浮剂 1 500～2 000 倍液防治。

11. 舟形毛虫

舟形毛虫,又称举尾虫。低龄幼虫咬食叶肉,使被害叶片仅剩表皮和叶脉,呈网状。幼虫稍大便咬食全叶,仅剩下叶柄,发生严重时可将全树叶片吃光(图 5-34)。

【形态特征】 雌蛾体长 30 毫米,雄蛾体小,黄白色。卵,球形,初产出时淡绿色,近孵化时呈灰褐色,常数十粒整齐排

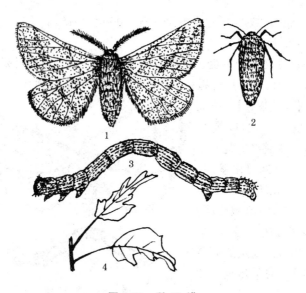

图 5-33 梨尺蠖

1. 雄成虫　2. 雌成虫　3. 幼虫　4. 叶片被害状

成块,产于叶背。幼虫体长 50～55 毫米,胸和腹部背面紫黑色,腹面紫红色。初孵化幼虫土黄色,2 龄后变紫红色。

【发生规律】　该虫 1 年发生 1 代,以蛹在树下深土层内越冬;若地表坚硬时,则在枯草丛中、落叶、土块或石块下越冬。翌年 7 月上旬至 8 月中旬羽化。成虫将卵产于叶背,幼虫三龄前群集于叶背,白天和夜间取食,群集静止的幼虫沿叶缘整齐排列,头尾上翘,受惊扰时成群吐丝下垂。3 龄后逐渐分散取食。9 月份,老熟幼虫沿树干爬下,入土化蛹越冬。

【防治方法】　在 1～3 龄幼虫危害期,摘除虫叶,或震落幼虫集中消灭。对虫群喷药防治,可喷布 20％氰戊菊酯乳油 2 000 倍液,或 2.5％溴氰菊酯乳油 2 500 倍液;对低龄幼虫,可选用 25％灭幼脲 3 号 1 500 倍液喷施防治。

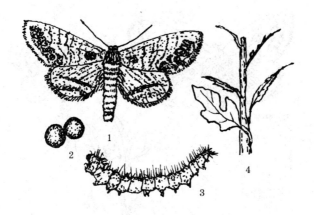

图 5-34　舟形毛虫

1. 成虫　2. 卵　3. 幼虫　4. 叶片被害状

12. 舞毒蛾

舞毒蛾,又称秋千毛虫或毒毛虫。以幼虫取食叶片。低龄幼虫咬食叶片呈孔状,大龄幼虫咬食成缺刻,严重时可将叶片吃光。幼虫也可啃食果皮,使果面出现坑洼状伤疤(图5-35)。

【形态特征】　雌雄成虫异形。雌蛾体长约25～30毫米,全体污白色。雄蛾体长约20毫米,体褐色。卵,球形,灰褐色,常数百粒不整齐产成卵块,表面覆被很厚的黄褐色绒毛。幼虫体长50～75毫米,头黄褐色,胸腹部黑褐色。

【发生规律】　该虫1年发生1代,以完成胚胎发育的幼虫在卵壳内越冬。越冬卵块多分布在树干上、大枝阴面、树下石缝及房檐下。翌年5月上旬至6月末卵孵化,初孵出的幼虫可吐丝下垂,随风飘至远方。2龄开始分散为害。幼虫老熟后,在树干缝隙处、枯叶中或树下石缝、杂草间化蛹。每头雌蛾产卵1～2块,每个卵块有卵200～300粒。卵完成发育后不孵化,以

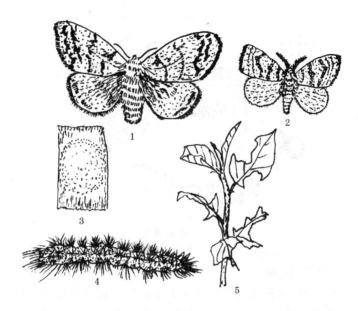

图 5-35　舞 毒 蛾

1. 雌成虫　2. 雄成虫　3. 卵　4. 幼虫　5. 叶片被害状

小幼虫在卵内越冬。

【**防治方法**】　人工采杀卵块。在低龄幼虫期,用 25％灭幼脲悬浮剂 1 500 倍液,或 2.5％高效氯氰菊酯类乳油 1 500 倍液,进行喷施防治。

13. 红颈天牛

红颈天牛,又称哈虫。以幼虫在树体的枝干内蛀食为害。其粪便堵满虫道。有的从排粪孔内排出大量粪便,堆积于树干基部;有的从皮缝内挤出粪便,常有流胶发生。危害严重时,可造成死枝或死树,甚至全园毁灭(图 5-36)。

【**形态特征**】　成虫体长 28～37 毫米,除前胸背面为红棕色外,其他部位皆为黑色。卵,乳白色,米粒状。幼虫体长 50

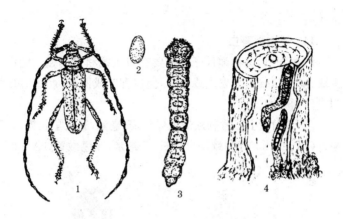

图 5-36　红颈天牛

1. 成虫　2. 卵　3. 幼虫　4. 树干基部被害状

毫米,黄白色,头小,黑褐色。

【发生规律】　该虫 2～3 年发生 1 代,以幼虫在虫道内过冬,但每年 6～7 月份均有成虫发生。成虫羽化后多在树间活动和交尾,或在树干上交尾,而后在粗皮缝内产卵,或做卵槽产卵,每次约产卵 40～50 粒。卵孵化后的幼虫,蛀入皮层取食为害,随着虫体的增长而逐渐深入。大龄幼虫则在皮层和木质间取食为害,虫道一半在树皮部分,一半在木质部分。老熟幼虫则蛀入木质部做茧化蛹。成虫羽化后,在虫道内停留几天,而后钻出。

【防治方法】　人工挖除幼虫或捕捉成虫。经常检查树干,发现新鲜虫粪后,及时用刀将幼虫挖出杀死。在成虫羽化期捕打成虫。5～9 月间,找到深入木质的虫孔,用铁丝钩出虫粪,塞入 1 克磷化铝药片,或塞入蘸有敌敌畏药液的棉球,而后用泥将蛀孔堵死。也可用塑料薄膜将树干包扎严密,上下两头用绳扎紧,在扎口处将粗皮刮平,在扎口前放入磷化铝片,以毒杀幼虫。

14. 刺蛾类害虫

该类害虫,又称洋辣子。主要有黄刺蛾和青刺蛾。均以幼虫取食叶肉,残留上表皮或叶脉,使被害叶成网状,严重时成缺刻或仅剩叶柄。

【**形态特征**】 黄刺蛾幼虫体长 25 毫米,肥大呈长方形,黄绿色(图 5-37)。青刺蛾幼虫体长 15 毫米,绿色微黄(图 5-38)。

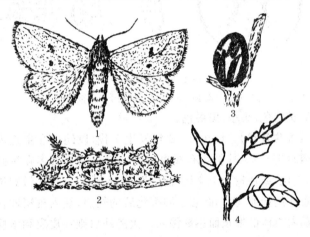

图 5-37 黄刺蛾

1. 成虫 2. 幼虫 3. 茧 4. 叶片被害状

【**发生规律**】 该虫 1 年发生 1 代。黄刺蛾以老熟幼虫在枝条及枝杈处结茧越冬,青刺蛾在土中越冬。6 月中下旬至 8 月上旬,为幼虫危害期。

【**防治方法**】 摘除越冬茧。在幼虫发生期,喷布 20% 氰戊菊酯 2 000 倍液防治。

15. 青叶蝉

青叶蝉以成虫或若虫刺吸枝和叶汁液。晚秋成虫越冬产卵时,用其锯状产卵器将枝条皮层划成弯月形开口,在其内产卵,形成泡状突起伤疤,使枝条失水(图5-39)。

【**形态特征**】 成虫体长7～10毫米,绿色,头顶有两个红色单眼。卵,香蕉状。

【**发生规律**】 该虫1年发生3代,以卵在枝干的皮层下越冬。7～10月份危害重。

【**防治方法**】 用10%吡虫啉可湿性粉剂1000倍

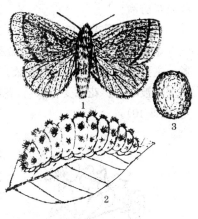

图5-38 青刺蛾
1.成虫 2.幼虫 3.茧

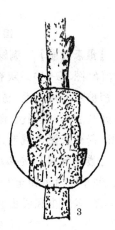

图5-39 大青叶蝉
1.成虫 2.卵 3.枝条被害状

液喷布防治。

16. 金龟子类害虫

金龟子类害虫,又称瞎撞、金壳虫或金盖虫等。其种类很多。主要危害叶片、果实和花朵。受害叶片出现破洞和缺刻,严重时被吃光。花朵受害以后,花瓣、雄蕊、雌蕊和子房全被食光(图5-40)。

图 5-40　金龟子危害状

【形态特征】　铜绿丽金龟体长 20 毫米,椭圆形,铜绿色,有光泽(图 15-41)。灰粉鳃金龟体长 28 毫米,长椭圆形,赤褐色,密被灰白短绒毛,易擦掉(图 5-42)。苹毛丽金龟体长 10 毫米,卵圆丽形,紫铜色(图 5-43)。黑绒金龟体长 8 毫米,略呈卵圆形,密被灰黑色绒毛,略有光泽,俗称缎子马褂(图 5-44)。

【发生规律】　铜绿丽金龟 1 年发生 1 代,以幼虫于土中越冬。翌年 5 月下旬至 6 月中旬危害重。灰粉鳃金龟 3～4 年发生 1 代,以幼虫和成虫在土中越冬,6～7 月份危害重。苹毛丽金龟 1 年发生 1 代,以成虫在土中越冬,翌年 4 月中旬至 5 月上旬危害重。黑绒金龟以幼虫或成虫于土中越冬,翌年 4 月下旬至 6 月上旬危害重。

【防治方法】　成虫发生期,利用其假死习性,组织人力于

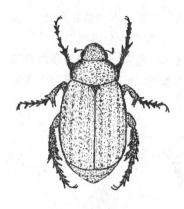

图 5-41　铜绿丽金龟　　　　　图 5-42　灰粉鳃金龟

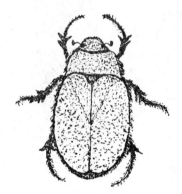

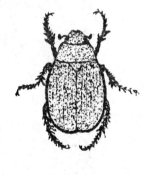

图 5-43　苹毛丽金龟　　　　　图 5-44　黑绒金龟

清晨或傍晚,将其振落捕杀,集中消灭。苗圃发生黑绒金龟时,可用长约 60 厘米的杨树枝蘸 50％敌敌畏乳油 500 倍液(蘸 2 小时),然后分散安插在苗圃内诱杀成虫,或喷布 50％甲胺磷乳油 1 000 倍液,进行毒杀。

17. 象甲类害虫

象甲类害虫,又称象鼻虫或尖嘴虫等。其种类很多,是苗圃内春季发生的主要害虫。以成虫危害苗木的新芽和嫩叶,使被害新芽不萌发枝条,重则将其新芽和嫩叶全部吃光。

【形态特征】 大灰象甲体长 10 毫米,全体密被灰白色鳞毛(图 5-45)。蒙古灰象甲体长 7 毫米,灰褐色,表面密生黄褐色绒毛(图 5-46)。

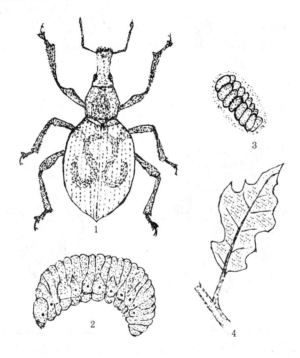

图 5-45 大灰象甲

1. 成虫 2. 幼虫 3. 卵 4. 叶片被害状

【发生规律】 象甲 1 年发生 1 代,以成虫在土中越冬,4 月出蛰。出蛰后先取食杂草。果树发芽后,爬行至果树上危害新芽和叶片。6 月间,大量产卵于叶背,少量产卵于土内。幼虫取食

细根和腐殖质，并做土室化
蛹。羽化后的成虫当年不
出土，即进入越冬状态。

【防治方法】 在成虫
出土前，于树干周围地面
撒 2.5％敌百虫粉剂，每
株幼树用粉剂 100 克。为
防止当年定植苗的新芽、
新叶受害，定植后于苗木
主干基部接近地面处，用
挺实光滑纸扎一伞状纸套
（图 5-47），阻止其上苗为
害。在早晨或傍晚，人工
捕捉树上成虫，集中消灭。

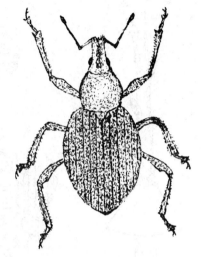

图 5-46　蒙古灰象甲(成虫)

在成虫发生期，喷布 50％甲胺磷乳油 1 000 倍液，或 50％杀螟
松乳油 1 000 倍液，进行防治。

18. 蛴螬类害虫

此类害虫又称蛭虫、大脑袋虫或鸡粪虫。蛴螬是金龟子
的幼虫，主要啃食幼苗、大树的地下部分，尤其是根茎，致使萎
蔫死亡。幼苗受害，主要是从根茎部咬断而死亡(图 5-48)。

【形态特征】 蛴螬体乳白色，头赤褐色或黄褐色。体弯
曲，体壁多皱褶。胸足 3 对，特别发达。腹部无足，末端肥大，
腹面有许多刚毛。

【发生规律】 越冬蛴螬于 10 厘米处土壤温度达 10℃左
右时，开始上升至土壤表层。地温达 20℃左右时，主要在土
壤内 10 厘米处以上活动取食。秋季地温下降至 10℃以下
时，又移向深处的不冻土层内越冬。

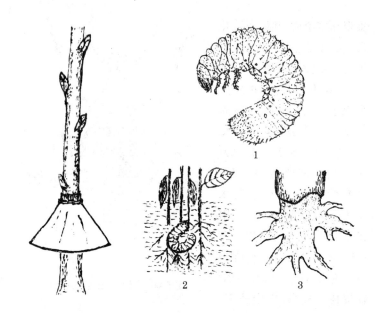

图 5-47　苗木防虫　　　　　图 5-48　蛴　螬

伞状纸套　　　1. 金龟子幼虫　2. 幼苗被害状　3. 树根被害状

【防治方法】　在温室内翻树盘、苗圃地耕耙和起垄做畦时,捡出幼虫,集中消灭。虫口密度大的苗圃地,可喷施2.5%高效氯氰菊酯乳油 1 500 倍液,进行防治。发现苗木萎蔫时,将根茎周围的土挖开,捕捉幼虫,予以杀死。

四、缺素症及其防治

1. 缺　镁

首先发生在老叶上。其表现是叶脉间失绿黄化,严重时整个叶片黄化,并引起早期落叶(图 5-49)。

【发病条件】　在酸性条件下,镁经雨水很容易淋失。因

图 5-49 缺镁症

此,缺镁常常发生在中雨量或高雨量区的酸性砂质土上。镁与钾之间存在拮抗关系,多施钾肥时,会加重缺镁程度。氮肥与镁肥有很好的相辅作用,在施镁时适量施氮肥,有助于镁的吸收。

【防治方法】 土施硫酸镁,于秋季与有机肥一同施入。叶面喷施 1.5% 的硫酸镁,自开花时开始,每周一次,共喷 2～3 次。

2. 缺 硼

主要表现在先端幼叶和果实上。缺硼时,幼叶脉间失绿,果实出现畸形,无种子等。

【发病条件】 在施氮、钾、钙素肥多的情况下,影响硼的吸收,因而易缺硼。在干旱少水的情况下,会降低土壤中硼的有效性,因而易缺硼。

【防治方法】 土施硼砂,于秋季与有机肥一同施入。叶面喷施,于开花前 1～2 周开始至采收前,喷 2～3 次,浓度为 0.2%～0.3%。为了防止药害,可加 0.3% 的生石灰溶液。

3. 缺 铁

主要表现在嫩叶上。开始叶肉变黄,叶脉呈绿色网纹状失绿(图 5-50)。病势发展,失绿程度加重,整叶变成黄白色,叶缘枯焦引起落叶,新梢顶端枯死。

【发病条件】 土壤盐碱较重时易缺铁。

【防治方法】 萌芽期,喷施

图 5-50 缺 铁 症

0.3％～0.5％硫酸亚铁溶液。

五、两种常用杀菌剂的配制

1. 波尔多液的配制

波尔多液,是由硫酸铜、生石灰和水配制而成的天蓝色胶状悬浮液。其有效成分为碱式硫酸铜。药液呈碱性,比较稳定,粘着性好,但久置会沉淀,产生原定形结晶,使性质发生改变,药效降低。因此,波尔多液要现用现配,不能贮存。该药液对金属有腐蚀作用。

【作用特点】 波尔多液是保护性杀菌剂,对大多数真菌病害具有较高的防治作用。其杀菌机制是依靠水溶性铜凝固蛋白质,喷洒在树体或病原菌表面,形成一层很薄的药膜,有效地阻止孢子发芽,防止病菌侵染。波尔多液中的铜元素被树体吸收后,还可起到微量元素作用,促使叶片浓绿,生长健壮,提高其抗病力。

【配制方法】 樱桃树使用的波尔多液的比例为石灰倍量式(硫酸铜∶生石灰为1∶2)。水量的多少,可根据防治对象和季节来定,一般为100～120升。常用的配制方法是注入法。即先将硫酸铜和生石灰按比例称好,分别盛在非金属容器中,然后配药。用少量水消化生石灰,滤去残渣,倒入药桶中。再用少量热水将硫酸铜化开后,将稀硫酸铜溶液慢慢倒入石灰液中,边倒边搅(图5-51),即成天蓝色的波尔多液。用这种方法配成的药液质量好,颗粒较细而匀,胶体性能强,附着力较强。

波尔多液配制质量的好坏,与原料的优劣有直接关系。因此在配制时,要选择优质硫酸铜。生石灰要求选择烧透、质轻、色白的块状石灰;粉末状石灰不宜使用。

【注意事项】　要选择晴天露水干了之后喷药。喷过波尔多液后 15～20 天内，不能喷布石硫合剂和松蜡合剂。喷过矿物油乳剂后 30 天内，不能喷布波尔多液，以免出现药害。配制药液时，禁止使用金属容器。用注入法配制时，只能将硫酸铜液倒入石灰液中，顺序不能颠倒。否则，配制的药液沉淀快，

图 5-51　波尔多液的配制
1. 硫酸铜液　2. 石灰液

且易发生药害。药液应随用随配。超过 24 小时后易沉淀变质，不能再用。为提高药效，应在药液中加入展着剂，如 0.2%～0.3%豆浆、大豆粉或中性洗衣粉等。波尔多液呈碱性，含有钙，不能与怕碱性农药，以及石硫合剂、有机硫制剂、松蜡合剂和矿物油剂混用。

2. 石硫合剂的配制

石硫合剂，俗称硫黄水。是由生石灰、硫黄粉加水熬制而成的枣红色透明液体（原液）。有臭鸡蛋味，呈强碱性，对皮肤和金属有腐蚀性。

【作用特点】　石硫合剂是一种无机杀菌兼杀螨剂。其有效成分为多硫化钙，有渗透、侵蚀病菌细胞壁和害虫体壁的性能，短时间内有直接杀菌和杀虫作用。但它会很快和氧、二氧化碳及水作用，最后的分解产物硫黄，仅有保护作用。

【熬制方法】　取生石灰 1 份，硫黄粉 2 份，水 10～12 份。先把生石灰放在铁锅中，用少量水使生石灰消化，成粉状后加

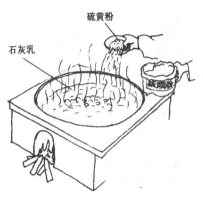

图 5-52 石硫合剂的熬制

足水量。煮至近沸腾时,把调成糊状的硫黄浆,沿锅边缓缓倒入石灰乳中,边倒边搅拌,并记下水位线。用旺火煮沸40～60分钟,并不断搅拌,待药液熬成枣红色、渣滓呈黄绿色时,停火即成(图 5-52)。熬煮时,用热水补足蒸发所散失的水分。

冷却后,滤出残渣,即成为石硫合剂原液。熬制方法和原料的优劣,都会直接影响药液的质量。如果原料质优,熬煮的火候适宜,原液浓度可达 28 波美度以上。因此,要选用白色块状质轻的生石灰,硫黄以硫黄粉较好。

石硫合剂有效成分含量的多少,与比重有关。通常用波美比重计(图 5-53)测得的度数来表示。度数愈高,表示有效成分含量越高。所以,使用前必须用波美比重计测量原液和稀释后药液的波美度数。

【注意事项】 石硫合剂常用在农作物发芽前。生长期使用药液的浓度,不能超过 0.5 波美度。石硫合剂是强碱性药剂,不能与怕碱药剂混用,不能与波尔多液混用。石硫合剂有腐蚀作用,使用时应避免接触皮肤。如果皮肤和衣服沾上原液,则要及时用水冲洗干净。喷药器具使用后,要马上用水冲净。

图 5-53 波美比重计

第六章　采收与包装

一、采收时期及采收方法

温室栽培的大樱桃，主要用于鲜食，一般不需要长期贮藏。就地销售的，必须使果实充分成熟，在表现出本品种应有的色、香、味等特征时采收。而外销的，则在果实九成熟时采收较为合适，比在当地销售的提前2～3天采收即可。

大樱桃的成熟期，通过果皮色泽和品质来确定。属于红色品种的，当果面全部着鲜红色时即可采收。属于黄色品种的，当果面底色变黄，阳面着红色时即可采收。其次，可根据口感（图6-1）或测糖仪检测结果（图6-2）来确定采收期。

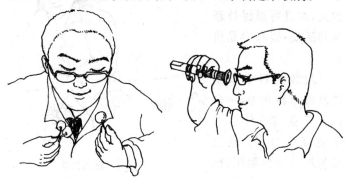

图6-1　品尝果实确定采收期　　**图6-2　用测糖仪检测含糖量**

大樱桃果实的着生早晚和位置不同，其成熟时间也不一致，所以要分期分批进行采收。采收时，用食指和拇指捏住果柄基部，轻轻掀起便可采下（图6-3）。注意不要折断短果枝。

图 6-3 采 收

将采下的果实轻轻放到果篮中。在包装场地，要边挑选边包装，主要剔除枯花瓣、枯叶和小果、病虫果及畸形果（图6-4）。

二、包 装

大樱桃是水果中的珍品之一。温室大樱桃果实上市时，正值市场鲜果供应的淡季，采用合理、精美的包装，不仅可以减少运销损失，而且可以保持新鲜的品质，提高商品价值。

包装材料多采用纸盒或塑料盒等，一盒以 5 千克、2.5 千克、1 千克规格为宜。外包装材料一定要耐压，抗碰撞。

图 6-4 挑选果实

第七章　解决隔年结果和
落花落果的问题

温室大樱桃生产中,存在的主要问题是隔年结果和落花落果两个主要难题。

一、造成隔年结果的原因

隔年结果,也称大小年结果。其表现是第一年结果多,第二年结果少。为适应大小年结果现象,管理者便采取隔年扣棚的方法来管理。这种现象在辽宁、山东和陕西等樱桃老产区比较多,山东的果农甚至还采取隔二三年扣一次棚的方法。造成隔年结果的原因有以下几方面:

1. 肥水供应时期不当

多数栽培者认为,大樱桃的花芽分化是在采收后开始的,因此只注重采收后的肥水供应。而实际上,花芽的分化是在花后的 25 天左右开始的。采收后一个月左右,花芽分化基本结束,采收时花芽已有雏形。花芽分化时期,也正是幼果开始迅速膨大期。此期养分需求量大,往往是幼果争夺了大量的养分和水分,而生产中补肥水却在采收后,因而抑制了花芽的形成而形成小年。

2. 负载量大

栽培者大多没有疏花疏果的习惯。尤其是温室栽培者,害怕坐不住果,因而任其开花结果,开多少留多少,结多少留多少(图 7-1)。据调查,株产量在 50 千克左右的温室和大棚,当年形成的花芽量只有上年的 10%～30%,因而下年必然形成小年。这是过量负载消耗了大量的养分,一方面养分不足影响了花芽的形成,另一方面大量果实中的种子,产生了大量的赤霉素(GA_3),赤霉素有抑制花芽分化的作用。

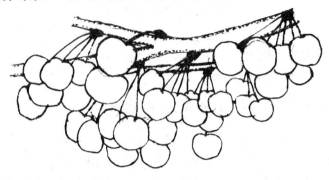

图 7-1　负载量大

3. 忽视采后管理

大樱桃采收后,正是春季农忙季节。多数管理者忽视对大樱桃树体的采后管理,常出现不同程度的采后开花现象,开花严重的达 50% 以上,因而造成下一年无花可开,以致形成小年。采收后发生开花的原因很多,但主要有三方面:一是采后放风锻炼的时间不够(叶片受风害损伤、日灼伤等)的因素;二是受二斑叶螨危害和叶斑病危害,这两种原因引起早期落叶,并刺激花芽萌发开放;三是采收后修剪过重,阻断了水分和养分的正常运输,刺激花芽开放。据调查,采后任何时候修剪过重,尤其是回缩和重短截结果枝条,都会引起开花。

二、引起落花落果的原因

落花落果比隔年结果问题严重,也是影响产量的主要问题。表现为花开满树,坐果很少,或当幼果黄豆粒至花生米粒

大小时萎黄脱落。在落花落果现象中,落果重于落花。引起落花落果的原因有以下几个方面:

1. 休眠期需冷量不足

多数栽培者对甜樱桃的休眠期低温需求量掌握得不准确,或是不重视。还有许多人存在抢早上市的心理,在没有满足低温量的情况下,提早揭帘升温,导致大樱桃树生长发育不正常,表现萌芽晚,萌芽不整齐(图 7-2),花期不相遇。

2. 升温速度过快

在生产中,常有高温闷棚的错误管理方法。即揭帘前十多天,将棚内白天温度调节在 25℃左右,甚至达 28℃,以为这是提高地温、促进萌芽的好方法。正是在这种高温条件下,造成地上部和地下部生长不协调,根系生长滞后于花芽和叶芽的生长,造成先叶后花的倒序现象(图 7-3)。枝

图 7-2　萌芽不整齐

叶优先争夺贮存营养,引起新梢旺长,导致坐果率降低,也影响幼果的发育和膨大,造成严重的落花落果。从升温至初花的温度管理,没有逐渐提升的一个过程,从开始揭帘升温至见花的时间少于 30 天,落花落果就严重。

3. 萌芽至开花期温度过高,湿度过低

大樱桃温室中的温度,不同于露地条件下的温度。栽培者往往参照露地温湿度指标,将萌芽至花期的最高温度,控制在 24℃左右;没考虑到露地是在通风条件下,而温室是在密闭条件下,同样的温度,对树体萌芽和开花的影响是截然不同

图 7-3 先叶后花现象

的。还有湿度,几乎多数果农没有使用湿度计的习惯。还有的果农为了提高地温,在升温时立即覆地膜,也没有增湿的措施,使白天棚内的湿度低于10%。温度过高,降低胚的活力;湿度过低,萌芽开花不整齐,柱头干燥,不利于花粉管的萌发,影响授粉受精,最终导致落花和落果。

4. 花后灌水过早,水量过大

花后灌水过早,灌水量过大,是引起落花落果的最主要原因(图 7-4)。多数果农

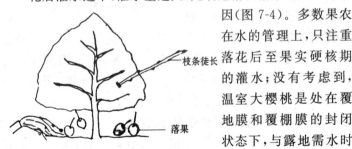

图 7-4 花后灌水早、水量大引起落果

在水的管理上,只注重落花后至果实硬核期的灌水;没有考虑到,温室大樱桃是处在覆地膜和覆棚膜的封闭状态下,与露地需水时期和需水量是截然不同的。在温室内,如果在花后至硬核前的任何时期灌水(漫灌),都会引起不同程度的落果。尤其是灌水越早、灌水量越大,落

果就越严重,严重落果率的可达 80% 以上。这是因为灌水会引起新梢过旺生长,造成新梢生长和种仁生长的营养竞争,种仁因得不到充足的营养而萎缩,使果实逐渐萎缩并脱落。

5. 有害气体危害

有害气体来自不适当的人工加温。当外界温度骤降或连续阴雪 2~3 天以上时,棚内温度常会降至 3℃ 以下。有的栽培者于夜间在棚内用液化气或蜡烛、柴禾等加温。这些用明火加温的方法(图 7-5),争夺和消耗了棚内的氧气,放出二氧化碳,但植物夜间吸入的主要是氧气,呼出的是二氧化碳。而二氧化碳浓度过高时,就抑制了树体的呼吸作用,造成花器官和幼果的伤害,从而引起落花和落果。

图 7-5　不正确的加温法

有害气体还来自不合理的施肥。有的栽培者,在升温时将化肥向地面撒施后不覆土(图 7-6),然后浇水;或将湿鸡粪和牛马粪等进行地面铺施或随水浇施。这样,肥料经水溶化分解后,产生氨气和二氧化氮气,抑制了树体呼吸作用,对花器官及叶片造成严重的毒害作用,导致落蕾、落花或落果。

引起落花落果的原因,还与树体营养(上年管理水平)状况和上年有无涝害相关。偏施氮肥,造成营养生长过旺,花芽分化期光照不足,温度过高或过低,采收后至秋季发生涝害,都是引起落花落果的重要因素。

三、防止隔年结果和落花落果的措施

1. 增施叶面肥,促进花芽分化

要防止隔年结果和落花落果,首先应注意树体营养。养分供应均衡,树势不旺又不衰弱,是丰产的基础。除秋施有机肥和萌芽期追施化肥外,还应于落花后10天左右开始,至采收后1个月为止,每隔7～10天,叶面喷施一次磷、钾肥或多种微量元素肥(图7-7),共喷5～6次。

图7-6　不正确的施肥法

2. 疏花疏蕾,合理负载

疏花芽,疏花蕾,可以减少树体中养分的无谓消耗,并可保持合理的负载量,提高果实品质。1.5～2米×2～3米的株行距,株产量保持在5～10千克;2.5～3米×3～4米的株行距,株产量保持在15～20千克。此外,应根据树龄确定产量。6年生以下大樱桃树温室,每667平方米产量限定在300～400千克左右,7年生以上的限定在500～600千克。

图7-7　增施叶面肥

3. 适时除膜,保护叶片

采收后要注意放风锻炼。当外界温度适宜、树体生长发育时,要撤除棚膜,除膜时要使树体或叶片不受伤害。

4. 采收后及时防治病虫害

果实采收后,要经常注意观察大樱桃树上二斑叶螨和叶斑病的发生情况,做到发现及时,防治彻底,避免落叶。

5. 以生长季修剪为主,避免采后过重修剪

在大樱桃树萌芽前,要完成休眠期的修剪。在萌芽期,要完成拉枝作业。在开花后至采收期,要完成摘心、除萌、疏枝和拿枝等生长期修剪作业。采收后,要尽量不修剪。如果树体上部和主枝背上徒长枝多,或主干上萌发出多余的徒长枝,则可少量疏除(图7-8),对任何结果枝都不能短截。

6. 满足休眠期的低温需求量

有草帘覆盖的温室和大棚,在当地气温首次出现0℃以下的低温时(初霜冻),要及时地进行覆盖,并记载棚内0℃～8℃的时间。当累计达到1 200小时后,即可揭帘升温。冬季最低温度在—20℃以下地区,大棚的升温时间需延后。辽宁省大连市金州区以南地区,无草帘覆盖的大

图7-8 采收后少量疏枝

棚,可在1月末至2月中旬覆盖棚膜,之后即行升温。在金州区以北地区,不能采用无覆盖草帘大棚栽培大樱桃。

7. 严格控制温度和湿度

在萌芽至开花期,棚内白天最高温度不应超过18℃,夜间最低温度在3℃～5℃。不低于0℃,则不进行加温。棚内的湿度,萌芽期为80%～90%,开花期为50%～60%。萌芽至末花期,晴天棚内空气湿度小时,白天可向地面洒水2～3次。实践表明,大樱桃棚内地面覆地膜,没有多大好处,所以不加提倡。如要覆地膜,则需在膜下铺些乱草(图7-9)。

8. 严格掌握灌水时期和水量

在升温时灌一次透水,花前一周补灌一次小水,谢花 20 天以后(硬核后)再补灌一次小水。在果实膨大至着色期,要掌握小水勤灌的原则。灌水的方法是,花前可漫灌;花后可采取树盘挖沟(坑或穴也可)法灌水,水渗干后覆土。覆地膜的,要在膜下灌水。覆地膜的和黏土壤园地的水量要稍减。灌水时期,还应根据品种的成熟期来掌握,做到按株灌水。

9. 防止有害气体的产生

不论何种肥料,都必须采取挖沟覆土的施肥方法(图 7-10)。特别是容易产生气体的碳酸氢铵、尿素、未腐熟的鸡粪、马粪和饼肥等,更应如此。即使是腐熟的有机肥,也要随运进,随施入,随覆土,覆土后再浇水。肥料不能在棚内久放,特别是湿鸡粪等有机肥,以免产生大量的有害气体。人工加温时,不要用明火加温,更不要有烟雾在棚内弥漫。

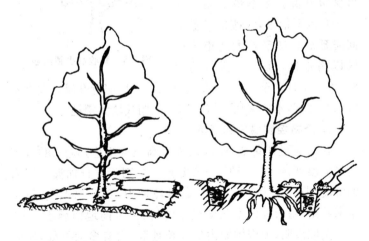

图 7-9　膜下铺草　　　　　图 7-10　施肥后覆土盖严

第八章　防御灾害

温室生产虽然在保护设施条件下,但仍存在着自然灾害和人为灾害的威胁。自然灾害,指风灾、涝灾、雪灾、温度骤变、病虫和鸟害等。人为灾害,是指火灾、肥害、药害、冷水害、高温危害和人身伤害等。这些灾害,在近几年的温室生产中曾屡屡发生,对大樱桃生产的产量、效益和人员安全,危害极大,必须认真加以防御。

一、自然灾害的防御

1. 防御风害

风害常发生在果实成熟期的 3～5 月份。春天 6～7 级以上的大风和台风,尤其是春风较大较频繁的地区,和棚架结构为斜平面,弧度小,塑料膜固定不紧实的温室和大棚,以及覆盖抗风能力较差的聚氯乙烯棚膜的大棚,易被风刮坏棚膜,使树体和幼果受害。或者,为防止棚膜刮坏,经常用放帘的办法来保护棚膜时,致使树体和幼果得不到充足的光照或减少了光照的时间,而延迟成熟或造成叶片黄化。风害还包括夜间放帘后,因风大而将草帘刮起,降低了棚内温度,对大樱桃的生长发育和开花结果产生不利的影响。因此,在建筑棚架时,一定要采取拱圆式,架间距不能大于 90 厘米。还要注意温室和大棚的高跨比,跨度大,高度小,棚膜不易压紧,易破损而且光照不好。故在风大或多风地区,应选择聚乙烯长寿塑料薄膜作棚膜。若选择聚氯乙烯塑料薄膜作棚膜,则应及时修补好棚膜的破洞(图 8-1)。夜间风大时,应及时检查草帘,发现有离位的草帘,则应立即拉回压牢。

图 8-1　及时修补棚膜

2. 防御涝灾

涝灾常发生在揭膜后的 7～9 月间,尤其是发生在土壤黏重、地势低洼的温室和大棚内。地表积水时间长,或积水在地表下 30～50 厘米的土层中,对树体就有不同程度的伤害,轻者影响下年开花结果,出现落花落果现象,重者死树(图 8-2)。所以,应在栽植行间和温室底脚处挖排水沟。大棚结构的可在行间与四周挖排水沟,及时排涝。

3. 防御雪灾

雪灾常发生在降雪量大、打扫不及时的时候,往往压塌大棚骨架。其防御措施是,选用耐压不易变形的管状钢材做骨架上弧；竹木结构的温室、大棚及跨度大的钢架大棚，要设置间距和角度合理的立柱。钢筋骨架无支柱温室，在砌筑的墙体内，要设置钢筋预埋件，用来焊接骨架和拉筋。地基要牢固，后墙顶部和前底脚要设混凝

图 8-2　大樱桃涝害状

土横梁。降雪量大时，要及时打扫棚面的积雪（图 8-3），减轻棚顶的负载量，防止大棚骨架被厚重的积雪所压塌。

图 8-3　及时打扫积雪

4. 防御温度骤变

温度的骤然变化，常发生在初冬或新年期间。当外界温度低于 -20℃，伴随连续阴天或降雪，常使温室内的温度低于 0℃，易发生冷冻危害。在休眠期，如果棚内温度低于 0℃ 时，可在白天将草帘卷起，将棚内温度调至 3℃～7℃。在萌芽至

开花期,当棚温低于 0℃ 时,需进行人工加温。温度骤升时,要及时扒缝或开窗降温。温度的调节,需要有专人细致管理。温度骤变,还包括久阴骤晴或降雪无法揭帘 2 天以上时,揭帘后遇到骤晴天,强烈的光照会对树体及叶片造成伤害。光照强、温度高,叶片水分蒸腾作用加快,根系吸水输水速度慢于蒸腾作用所散失的水分,叶片出现萎蔫状态,如不及时采取措施,就会变成永久萎蔫。遇到这种情况,应在阳光强烈、温度高时的中午前后,暂时放帘遮荫,待日西斜时再揭帘。

5. 防治病虫危害

易忽视的病虫危害,常发生在花期至幼果期。主要有卷叶虫、绿盲蝽、花腐病和灰霉病。再就是在揭膜后的露地期间,降雨次数多时所发生的叶斑病,以及高温干旱时发生的二斑叶螨等。这些病虫造成叶片枯焦、失绿或缺刻损害而落叶,严重影响当年和下一年的产量。因此,必须随时进行观察和预测,并及时采取相应的措施进行防治。

6. 防止鸟害

鸟害常发生在升温较晚的温室和大棚中,特别是无覆盖草帘的塑料大棚内。由于大棚樱桃果实的成熟期在 4~5 月份,当开启通风装置时,觅食鸟常进入棚内啄食果实(图 8-4)。防止鸟害的措施是,在通风口设置防鸟网(图 8-5)。

二、人为灾害的防止

1. 防止火灾

火灾,是造成大棚瞬间毁于一旦的主要人为灾害。火灾的发生,有人为点火和电焊作业不慎,或电源配置不合理,或电褥、电炉等不安全取暖所引起。人为点火的防止,只能由管理者加强夜间防范,同时要加强人员的素质教育和安全防火

图 8-4 鸟啄食果实

教育,提高防火意识、落实防火措施。电焊火灾,常发生在覆盖后卷帘机出现故障时。这种火灾的防御是在电焊前,用水将焊点周围的草帘浇湿,焊后对焊接部位喷水降温(图8-6),并由专人看管半小时左右。电源线接点或开关等处发生的火灾,常发生在栽培者不注意用电安全,或私自滥接电源,酿成火灾隐患。栽培者一定要在电工的指导下进行用电作业。安装电气设备,一定要由电工承担。使用电气设备,一定要严格按安全用电规则作业。

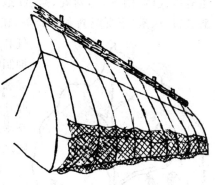

图 8-5 在通风口处设防鸟网

2. 防止肥害

肥害来自土壤施肥和叶面喷肥。土壤施肥造成的肥害有四种情况:一是肥料距根太近,肥料没与土壤搅拌均匀;二是施用过量;三是有机肥没经过发酵;四是扣棚期间地面撒施肥料后没有覆土。前三种情况造成根系伤害,也就是常说的烧根现象。后一种情况使肥料随着气温的升高而挥发,产

图8-6 电焊时防火灾

生有害气体（图8-7），对花、果、叶造成危害。如地面撒施碳酸氢铵、尿素、干湿鸡粪和马粪等，在温度高时都会释放出氨气和二氧化氮（亚硝酸气体），抑制呼吸作用和光合作用，花芽和花受害严重时一碰即落。叶片受害严重时，叶片边缘呈现水渍状，严重时萎蔫脱落，随之果实也脱落（图8-8）。

图8-7 肥害状

叶面喷肥造成肥害有三种情况：一是稀释肥液时浓度计算错误，或不经称量的"几瓶盖、几把"式的懒汉对肥法（图8-9）；二是滥加增效剂；三是花期滥用坐果剂，幼果期滥用膨大剂、着色剂和早熟剂等化学药剂，造成不同程度的落果或叶片伤害。防止肥害的关键是：有机肥必须经过发酵（图8-10）；不论是有机肥，还是化肥，都必须挖沟施肥，施入后要与土拌匀，并及时覆盖。生物菌肥也不例外。一定不要过量或不经搅拌就施肥，避免发生烧根。叶面肥稀释肥液时，一定要进行称量，尤其是花

图8-8　大樱桃花芽氨害状

期和幼果期喷激素类调节剂的浓度和时间一定要准确无误，不要在晴天的中午前后喷施。

图8-9　不正确的农药稀释法

3. 防止药害

农药危害常因浓度过大，用量过多，不经称量（图8-11）或计算错误，或多种药混合发生化学反应，或滥加增效助剂而发生。防止药害的原则是：用量要准确，要用称量器具（图8-12）准确称量。易发生化学反应的药，要单独喷施。喷药时要对药桶内的药液不断搅动。喷剩的药液不要重喷，也不要倒在树盘上。增效助剂，如渗透剂、展着剂和增效剂等，也不要随便加入药液中。目前，有些农药在生产过程中，已经加入展着剂或渗透

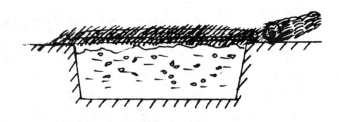

图 8-10　有机肥发酵

剂,施药时不要再重加。使用农药时,一定要阅读说明书,或在购买时问清楚使用的方法。能用一种药剂防治的,就不要用两种或多种。有的果农认为用一种药总觉不放心,因而常将两三种药混配。这是不对的。其实,现在许多农药本身就是复混而成的,有时

图 8-11　不正确的对药法

混用的几种农药都是同一种作用机制,混用如同加大剂量,会引起药害。还有用 ppm 表示的药品或激素,计算困难时,需在购药时咨询清楚。

4. 防止冷水害

冷水害常发生在温室覆盖期间的树体展叶后,用室外池塘水和河水直接进行漫灌时。因为冬季池塘水或河水的水温常在 0℃～2℃(图 8-13)。用这样的冷水灌溉大樱桃,会抑制其根系的正常生理活动,使之处于暂时停止吸收与输导水分

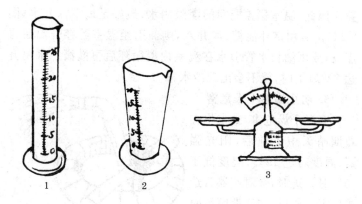

图 8-12 称量器具

1. 量筒 2. 量杯 3. 天平

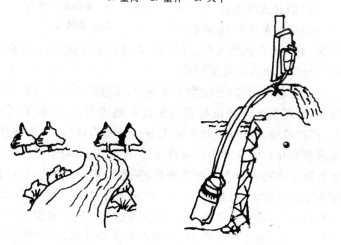

图 8-13 不能用室外池塘与河流冷水浇温室大樱桃

和养分的状态,使地上部树体表现为叶片发生失水现象,叶背向上翻,轻者停长几日,重则停长十几日后才能恢复。这虽然对树体没有太大的伤害,但延迟果实成熟期,直接影响经济效益。因此,温室覆盖期间的灌溉用水,最好是地下深井水(图8-14)。若用室外池塘、浅井水,则需引至温室贮存升温后再灌溉,或用细长水管引水在温室内慢循环后再灌溉。水温升达 8℃ 以上时,就不会出现冷水害。

5. 防止高温干燥危害

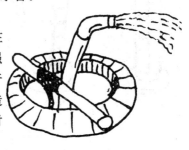

高温干燥危害,常发生在花期晴天中午前后,阳光强烈,温度超过 18℃,湿度低于 30％时。这时,会对花器官造成伤害。所以,在花期晴天时的中午,管理人员不应离棚。

图 8-14　用深井水灌溉温室樱桃树

6. 防止人身伤害

人身伤害常因电动卷帘引起,或人员在风雪大时上棚调整草帘发生摔伤,或人员在大棚失火时因救火而发生烧伤。

电动卷帘伤害,是在卷帘作业时,在卷帘绳发生反卷的情况下,管理者没有停止卷帘而靠近卷绳进行调正,将手或衣袖、衣襟等卷入卷杆中而伤害人身(图 8-15),轻者伤及筋骨,重者当场死亡。这种伤害触目惊心,损失惨重,应引起高度警觉。防止这种人身伤害的办法是,安装卷帘机遥控器,并在卷帘绳出现故障时,及时停机。卷放帘遥控装置费用只需 300元左右,要装电动卷帘机时,不要吝啬这笔投入。再则不论哪种开关方式,在出现故障时,都应在停止卷帘后,方可靠近卷帘杆进行调正。对于看护时容易发生的摔伤和烧伤,只要谨慎小心,提高警惕,就可防患于未然。在紧急时刻,宁可损坏大棚,也不要伤及身体或危害生命。

人身伤害,还包括煤烟中毒等。这种伤害常发生在夜间

图 8-15 防止卷杆伤人

看护房中。看护房小，保温性差时，门窗封闭较严，在用煤取暖时，容易发生中毒，或在用柴禾取暖时在睡前将烟筒盖严保温，没有燃透的煤或柴禾继续产生有毒气体而中毒。还有的农户将建棚废弃的竹竿头（没有干透的湿竹竿）和木炭，在夜间用在看护房中取暖，也易产生有毒气体，造成中毒，危及生命。这些灾害都不容忽视。只要注意通风，搞好烟火的管制，就可以避免，实现温室大樱桃的安全、高效益生产。

主要参考文献

1　大樱桃新品种简介．潘凤荣等．北方果树，1999

2　中国果树分类学．俞德俊编著．农业出版社，1982

3　樱桃园全套管理技术图解．唐勇编著．山东科学技术出版社，1998

4　大棚樱桃．于绍夫编著．中国农业科技出版社，1999

5　烟台大樱桃栽培．于绍夫编著．山东科学技术出版社，1979

6　苹果丰产栽培图说．马绍伟，董中强主编．中国林业出版社，1995

7　大樱桃保护地栽培．赵改荣，黄贞光编著．中原农民出版社，2000

8　樱桃优质高产栽培新技术．史传铎，姜远茂编著．中国农业出版社，1998

9　樱桃高产栽培．张鹏编著．金盾出版社，1999

10　大樱桃保护地栽培100问．边卫东编著．中国农业出版社，2001

11　现代大樱桃栽培．万仁先，毕克华主编．中国农业科技出版社，1992

12　图说保护地桃葡萄栽培技术．李淑珍，吴国兴等主编．中国农业出版社，2000

13　果树大棚温室栽培技术．高东升，李宪利等编著．金盾出版社，1999

14　果树反季节栽培技术指南．蒋锦标，吴国兴编著．中国农业出版社，2000

15　果树病虫害及其防治．王克，赵文珊编著．中国林业出版社，1992

16　山西省果树主要害虫及天敌图说．赵庆贺，庞震等编．山西省农业区划委员会，1983

金盾版图书，科学实用，
通俗易懂，物美价廉，欢迎选购

果树嫁接新技术	7.00元	苹果无公害高效栽培	9.50元
落叶果树新优品种苗木		新编苹果病虫害防治	
繁育技术	16.50元	技术	13.50元
怎样提高苹果栽培效益	9.00元	苹果病虫害及防治原	
苹果优质高产栽培	6.50元	色图册	14.00元
苹果新品种及矮化密植		苹果树腐烂及其防治	9.00元
技术	5.00元	怎样提高梨栽培效益	7.00元
苹果优质无公害生产技		梨树高产栽培(修订版)	10.00元
术	7.00元	梨树矮化密植栽培	6.50元
图说苹果高效栽培关键		梨高效栽培教材	4.50元
技术	8.00元	优质梨新品种高效栽培	8.50元
苹果高效栽培教材	4.50元	南方早熟梨优质丰产栽	
苹果病虫害防治	10.00元	培	10.00元
苹果病毒病防治	6.50元	南方梨树整形修剪图解	5.50元
苹果园病虫综合治理		梨树病虫害防治	10.00元
(第二版)	5.50元	梨树整形修剪图解(修	
苹果树合理整形修剪图		订版)	6.00元
解(修订版)	12.00元	梨树良种引种指导	7.00元
苹果园土壤管理与节水		日韩良种梨栽培技术	7.50元
灌溉技术	6.00元	新编梨树病虫害防治技	
红富士苹果高产栽培	8.50元	术	12.00元
红富士苹果生产关键技		图说梨高效栽培关键技	
术	6.00元	术	8.50元
红富士苹果无公害高效		黄金梨栽培技术问答	10.00元
栽培	15.50元	梨病虫害及防治原色图	

册	14.00元	修订版)	9.00元
梨标准化生产技术	12.00元	葡萄优质高效栽培	12.00元
桃标准化生产技术	12.00元	葡萄病虫害防治(修订版)	8.50元
怎样提高桃栽培效益	11.00元	葡萄病虫害诊断与防治	
桃高效栽培教材	5.00元	原色图谱	18.50元
桃树优质高产栽培	9.50元	盆栽葡萄与庭院葡萄	5.50元
桃树丰产栽培	4.50元	优质酿酒葡萄高产栽培	
优质桃新品种丰产栽培	9.00元	技术	5.50元
桃大棚早熟丰产栽培技		大棚温室葡萄栽培技术	4.00元
术(修订版)	9.00元	葡萄保护地栽培	5.50元
桃树保护地栽培	4.00元	葡萄无公害高效栽培	12.50元
油桃优质高效栽培	10.00元	葡萄良种引种指导	12.00元
桃无公害高效栽培	9.50元	葡萄高效栽培教材	4.00元
桃树整形修剪图解		葡萄整形修剪图解	4.50元
(修订版)	6.00元	葡萄标准化生产技术	11.50元
桃树病虫害防治(修		怎样提高葡萄栽培效益	9.00元
订版)	9.00元	寒地葡萄高效栽培	13.00元
桃树良种引种指导	9.00元	李无公害高效栽培	8.50元
桃病虫害及防治原色		李树丰产栽培	3.00元
图册	13.00元	引进优质李规范化栽培	6.50元
桃杏李樱桃病虫害诊断		李树保护地栽培	3.50元
与防治原色图谱	21.00元	欧李栽培与开发利用	9.00元
扁桃优质丰产实用技术		李树整形修剪图解	5.00元
问答	6.50元	杏标准化生产技术	10.00元
葡萄栽培技术(第二次		杏无公害高效栽培	8.00元

以上图书由全国各地新华书店经销。凡向本社邮购图书或音像制品,可通过邮局汇款,在汇单"附言"栏填写所购书目,邮购图书均可享受9折优惠。购书30元(按打折后实款计算)以上的免收邮挂费,购书不足30元的按邮局资费标准收取3元挂号费,邮寄费由我社承担。邮购地址:北京市丰台区晓月中路29号,邮政编码:100072,联系人:金友,电话:(010)83210681、83210682、83219215、83219217(传真)。